Inhalt

Vorbemerkungen

Erfolgreiches Lernen im Mathematikunterricht der Sekundarstufe II hat zur Voraussetzung, dass das im Unterricht der vorangegangenen Klassenstufen erworbene *grundlegende Wissen und Können* in guter Qualität zur Verfügung steht, dass man es beim Einarbeiten in die neuen Inhalte wirklich nutzen kann und nicht durch Lücken in diesen Grundlagen daran gehindert wird, sich auf das Neue zu konzentrieren.

Damit das erforderliche mathematische „Handwerkszeug" jederzeit einsetzbar ist, müssen die entsprechenden Fertigkeiten „trainiert" werden. Das vorliegende Arbeitsheft bietet hierzu über 1600 Aufgaben an. Sie sind konzentriert auf das Ausführen von mathematischen Handlungen, die möglichst *automatisiert* ablaufen sollten. Es geht dabei nicht um reine Wissensreproduktion und auch kaum um komplexere Anforderungen, für die mehrere Grundfertigkeiten (analoger Niveaustufe!) miteinander oder mit weiter gehenden mathematisch-logischen Fähigkeiten verwoben werden müssten, sondern um *Grundbausteine mathematischen Könnens* (was natürlich Verständnis für Begriffe und Zusammenhänge einschließt), beginnend beim Einfachsten … Dabei werden auch nicht alle in der S I behandelten Inhalte aufgegriffen, sondern primär solche Elemente, die man im Mathematikunterricht der SII wirklich *benötigt* – gewiss unterschiedlich oft, in verschiedenen Akzentuierungen, aber eben doch als unverzichtbare Hilfsmittel.

Um hinreichend Übungsmöglichkeiten zu schaffen, wird zu einem Thema vielfach eine größere Anzahl von Aufgaben angeboten, wobei jede Gruppe meist mit Aufgaben beginnt, deren Lösung man im Kopf oder mit einem geringen Schreibaufwand ermitteln kann. Bei der Zusammenstellung des Heftes wurde nicht davon ausgegangen, dass die Aufgaben in der angegebenen Reihenfolge und gar komplett „abgearbeitet" werden: Hier muss der Nutzer entsprechend seinem persönlichen Übungsbedarf entscheiden. Die Anlage des Hefts gestattet es dabei in vielen Fällen, den Lösungsweg (vor allem bei den „Kastenaufgaben" an der Spitze eines Themenkreises, die jeweils typische Anforderungen des betreffenden Sachgebiets repräsentieren) oder zumindest das Endresultat direkt einzutragen. Das Arbeitsheft enthält auch unlösbare Aufgaben, nicht definierte Terme u. Ä., um eine kritische Sicht des Nutzers auf die einzelnen Anforderungen zu erreichen und einem formalen Arbeiten vorzubeugen.

Dem Arbeitsheft beigefügt ist ein *Lösungsheft* mit den Lösungen aller Aufgaben. Aus Umfangsgründen machten sich sehr komprimierte und z.T. auch vereinfachte Darstellungsweisen erforderlich, so dass die äußere Form der Lösungsnotierungen keinesfalls als „Vorbild" für die Schreibweise im Unterricht, an der Tafel, in Schülerheften usw. verstanden werden darf. Insbesondere sei auf Folgendes hingewiesen:

- Bei manchen Aufgaben können zumindest im Detail unterschiedliche Lösungswege gewählt werden. In diesem Heft ist stets nur *eine* Variante angeführt, ohne explizite andere Möglichkeiten anzugeben. Insbesondere wird i. Allg. nicht auf Lösungswege und die teilweise erheblichen Vereinfachungen aufmerksam gemacht, die der Einsatz von Rechnern mit Computeralgebrasystemen mit sich bringen würde.
- Um den Vergleich bzw. die Kontrolle der erhaltenen Resultate zu erleichtern, sind in der Regel die formal-rechnerisch erhaltenen Resultate angeführt, so dass ein Runden entsprechend dem Sachverhalt oder den getroffenen Vereinbarungen noch erfolgen muss.
- Auf notwendige Bedingungen (wie z. B. Nenner ungleich 0, Radikanden oder Basen von Potenzen mit gebrochenen Exponenten größer als 0 u.Ä.) wird in der Regel nicht gesondert hingewiesen.
- Proben für die Lösungen von Gleichungen werden i. Allg. nicht angegeben.

Autoren, Herausgeber und Verlag hoffen, mit dem vorliegenden Arbeitsheft Schülern wie Lehrern einen wirksame, gut handhabbare Hilfe für ihre Arbeit gegeben zu haben. Vorschläge zu Verbesserungen und Ergänzungen würden wir sehr begrüßen. Sollten sich trotz aller Sorgfalt in das Arbeitsheft bzw. die Lösungsangaben technische oder inhaltliche Fehler eingeschlichen haben, so wären Redaktion und Autoren für eine Information dankbar, damit diese Mängel bei der nächsten Auflage beseitigt werden können.

Hilfsmittelfreies Rechnen mit natürlichen und rationalen Zahlen

1 Ergänzen Sie die folgende Tabelle:

	x	y	x + y	x − y	y − x	$\lvert x\rvert - \lvert y\rvert$	$(x+y)^2$	$(x-y)^2$	$x \cdot y$	x : y	$\frac{1}{x} \cdot \frac{1}{y}$	$3x^2 - y$
1.1	2	5										
1.2	−6	5										
1.3	−12	−7										
1.4	−8	0										
1.5	0	1										
1.6	0	0										
1.7		−2	6									
1.8			12	8								
1.9			−1		−7							
1.10	$\frac{1}{2}$	$\frac{1}{4}$										
1.11	−0,4	1,6										
1.12	3	$\frac{1}{3}$										
1.13	0,6	−5										
1.14	$(-1)^9$	$(-1)^8$										
1.15	$(-\frac{1}{3})^2$	$\frac{1}{2}$										

2 Ermitteln Sie die Lösungen der Gleichungen in den angegebenen Zahlenbereichen:

	Gleichung	Lösungsmenge in			
		$\mathbb{N}$	$\mathbb{Q}_+$	$\mathbb{Z}$	$\mathbb{Q}$
2.1	$x - 2 = 9$				
2.2	$x + 2 = 9$				
2.3	$x + 9 = 2$				
2.4	$3x + 2 = 9$				
2.5	$3x + 2 = -10$				
2.6	$5x = 0$				
2.7	$\lvert x + 2\rvert = 9$				
2.8	$\lvert x - 2\rvert = 9$				
2.9	$x^2 = 6{,}25$				
2.10	$x^3 = -8$				

3 Überprüfen Sie die Richtigkeit der folgenden Aussagen:

3.1 $\frac{1}{10} < -7{,}1$

3.2 $|-\frac{1}{5}| < |\frac{1}{10}|$

3.3 $-\frac{3}{2} < -\frac{1}{2} < -\frac{2}{3} < |-\frac{1}{2}| < \frac{1}{4}$

3.4 $|x| < 1$ ist gleichbedeutend mit $-1 \le x \le 1$

3.5 $\frac{1}{|x|} \ge \frac{1}{x}$, wenn $x \neq 0$

3.6 $\frac{n}{3} \ge \frac{n}{4}$ für $n \in \mathbb{N}$

3.7 $-\frac{1}{20} > -\frac{1}{200}$

3.8 $\frac{315}{b+1} > \frac{315}{b+2}$ $(b \in \mathbb{Q};\ b > -1)$

3.9 $\frac{3}{x} > 1$ $(x \in \mathbb{Q})$ gilt nur, wenn $0 < x < 1$ ist.

3.10 $\frac{1}{n} > \frac{1}{n-1}$; $n > 1$; $n \in \mathbb{N}$

3.11 $100{,}1 < \frac{10010}{100}$

3.12 $(n+1)(n-1) > n^2$ für $n \in \mathbb{N}$

4 Lösen Sie die folgenden Aufgaben im Kopf:

4.1 $\frac{4}{5} \cdot \frac{10}{11} =$

4.2 $\frac{3}{7} \cdot \frac{14}{17} =$

4.3 $1\frac{1}{3} \cdot 3 =$

4.4 $\frac{1}{2} : \frac{3}{4} =$

4.5 $\frac{3}{4} : \frac{9}{2} =$

4.6 $4 : \frac{2}{7} =$

4.7 $1{,}01 \cdot 14 =$

4.8 $-5 \cdot 0{,}15 =$

4.9 $3{,}6 \cdot (-1{,}5) =$

4.10 $1 + \frac{1}{3} \cdot 3 =$

4.11 $2 - \frac{5}{7} : \frac{5}{7} =$

4.12 $(2 - \frac{5}{7}) : \frac{5}{7} =$

4.13 $\frac{3}{8} \cdot \frac{4}{9} + 2 =$

4.14 $3 - \frac{6}{7} \cdot \frac{11}{3} : \frac{22}{7} =$

4.15 $4 - \frac{9}{4} + 0{,}75 - 2\frac{1}{2} =$

4.16 $8{,}016 : 8 =$

4.17 $8{,}016 : 0{,}8 =$

4.18 $8{,}016 : 80 =$

4.19 $\frac{1}{12}$ von $900 =$

4.20 $\frac{3}{4}$ von $-300 =$

4.21 $\frac{1}{2}$ von $2\frac{1}{2}$

4.22 $\frac{4}{5}$ von $25 =$

4.23 $\frac{7}{4}$ von $-32 =$

4.24 $(\frac{7}{5})^2 =$

4.25 $(\frac{13}{14})^2 =$

4.26 $(-\frac{2}{3})^2 =$

4.27 $(2\frac{1}{3})^2 =$

5 Schätzen Sie die Ergebnisse folgender Aufgaben durch eine Überschlagsrechung ab:

5.1 $0{,}52 \cdot 12{,}76 \approx$

5.2 $\frac{43{,}72 + 7{,}93}{7{,}02} \approx$

5.3 $\frac{2}{3}$ von $948 \approx$

5.4 $(\frac{3}{7})^2 \approx$

5.5 $\sqrt{72} \approx$

5.6 $\frac{1}{\sqrt{72}} \approx$

5.7 $\frac{3}{7}$ von $2\,198 \approx$

5.8 $(\frac{8}{17})^3 \approx$

5.9 $\sqrt{48} \approx$

5.10 $\frac{1}{\sqrt{48}} \approx$

5.11 $16{,}8 : 0{,}93 =$

5.12 $87{,}62 - 134{,}9 + 18{,}7 \approx$

5.13 $\frac{172{,}6 - 48{,}8}{96 + 26{,}2} \approx$

5.14 $\frac{4}{7}$ von $27{,}6 \approx$

5.15 $\sqrt{\frac{147}{17{,}2}} \approx$

6 Vervollständigen Sie die nachstehende Tabelle „bequemer" Prozentsätze:

gemeiner Bruch	$\frac{1}{2}$			$\frac{1}{3}$			$\frac{3}{2}$			2
Dezimalbruch		0,75			0,1			0,05		
Prozentsatz			20 %			$66{,}\overline{6}$ %			1 %	

7 Berechnen Sie jeweils den Prozentwert:

7.1 2 % von 500 Euro

7.2 30 % von 48 cm

7.3 19 % von 0,7 hl

7.4 17,3 % von 400 kg

7.5 0,2 % von 400 dt

7.6 12,5 % von 480 Euro

7.7 250 % von 17 km

7.8 300 % von 1 700 cm^2

7.9 0,01 % von 500 g

7.10 $66\frac{2}{3}$ % von 27 l

7.11 0,8 % von 600 m^2

7.12 120 % von 10,5 t

8 Berechnen Sie jeweils den Prozentsatz:

8.1 10 Euro von 1 000 Euro	8.2 120 cm von 600 cm	8.3 20 cm von 28 cm
8.4 98 cm von 200 cm	8.5 720 cm von 600 cm	8.6 23 cm von 50 cm
8.7 10 Euro von 125 Euro	8.8 10 Euro von 8 Euro	8.9 120 cm von 960 cm
8.10 137 Euro von 1 000 000 Euro	8.11 4,7 m^2 von 188 m^2	8.12 0,8 m^2 von 16 m^2
8.13 1,44 m^2 von 16 m^2	8.14 168 kg von 1 008 kg	8.15 1,2 t von 18 t

9 Berechnen Sie jeweils den Grundwert:

9.1 10 % sind 69 Euro	9.2 40 % sind 24 Euro	9.3 4 % sind 4,36 ha
9.4 80 % sind 68,85 km	9.5 15 % sind 223,5 l	9.6 2 % sind 17,8 m
9.7 120 % sind 4 900 Euro	9.8 750 % sind 80 t	9.9 0,2 % sind 42 h
9.10 100,1 % sind 44,4 hl	9.11 12,5 % sind 1,2 km	9.12 25 % sind 42 m^2
9.13 $33\frac{1}{3}$ % sind 7,4 m^2	9.14 280 % sind 2 800 Euro	9.15 0,05 % sind 4 a

10 In einer Fabrik wurden bislang 1 600 Einheiten eines bestimmten Artikels hergestellt. Berechnen Sie die Anzahl der hergestellten Artikel, wenn

10.1 die Produktion um 4 % (7 %, 12 %) vergrößert wird,
10.2 auf 125 % (103 %, 116 %) erhöht wird,
10.3 auf 75 % (80 %, 95 %) reduziert wird,
10.4 um 15 % (2 %, 12,5 %) reduziert wird,
10.5 zuerst um 10 % (1 %, 12,5 %) erhöht und anschließend um 10 % (bzw. 1 %, 12,5 %) verringert wird,
10.6 zuerst um 10 % (1 %, 12,5 %) verringert und anschließend um 10 % (bzw. 1 %, 12,5 %) erhöht wird,
10.7 zweimal nacheinander um jeweils 10 % erhöht und anschließend in einem Schritt um 20 % verringert wird,
10.8 zuerst auf drei Viertel reduziert und anschließend um ein Viertel erhöht wird!

11 Im folgenden Schaubild sind 5 Zuordnungen eingezeichnet.
Finden Sie die Proportionlitäten und umgekehrten Proportionalitäten heraus! Geben Sie deren Zuordnungsvorschriften an!

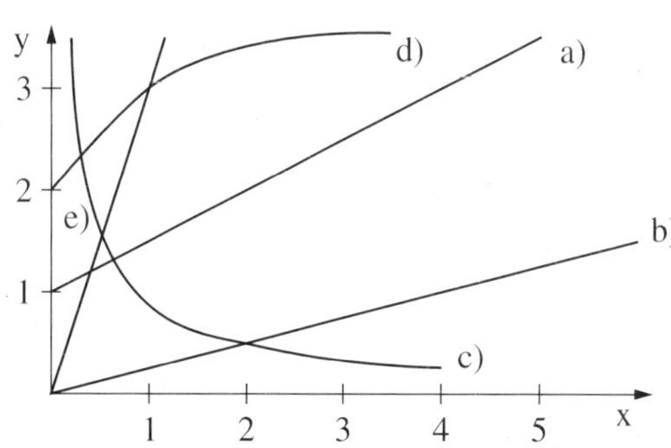

12 Lösen Sie die folgenden Gleichungen! Grundbereich sei die Menge der gebrochenen Zahlen.

12.1 $\frac{x}{22} = \frac{19}{38}$	12.2 $\frac{x}{12,5} = \frac{6,25}{2,5}$	12.3 $\frac{16}{x} = \frac{1,2}{1,5}$
12.4 $\frac{63}{81} = \frac{70}{x}$	12.5 $\frac{19}{x} = \frac{24}{12}$	12.6 $\frac{66}{99} = \frac{x}{42}$
12.7 $\frac{0,2}{x} = \frac{400}{20}$	12.8 $\frac{0,4}{0,5} = \frac{x}{120}$	12.9 $\frac{x}{27,8} = \frac{3}{2}$
12.10 $\frac{0,071}{x} = \frac{0,026}{0,13}$	12.11 $\frac{3^2}{1,8} = \frac{x}{24}$	12.12 $\frac{16}{\sqrt{64}} = \frac{-3}{2x}$
12.13 $\frac{0,24}{x} = \sqrt{\frac{1,44}{625}}$	12.14 $\frac{2^3}{-0,4} = \frac{-100}{x}$	12.15 $(\frac{1}{2})^2 \cdot \sqrt[3]{216} = \frac{x}{5}$

13 Berechnen Sie für die angegebenen Maßstäbe in den folgenden Tabellen die fehlenden Größen:

13.1 Maßstab 1 : 50 000

Länge auf der Karte	1 cm	4 cm	9 cm	1,5 cm	6,5 cm	8,1 cm		
Länge in Wirklichkeit							5 km	7,2 km

13.2 Maßstab 1 : 200 000

Länge auf der Karte	1 cm	2,5 cm	11 cm					120 cm
Länge in Wirklichkeit				40 km	100 km	8 km	500 m	

13.3 Maßstab 250 : 1

Größe des Originals			0,1 km	0,25 km	125 m	50 m	625 m	
Größe des Bildes	1 cm	3 cm						2 m

14 Schreiben Sie als Produkt mit einer Zehnerpotenz in der Form $a \cdot 10^b$; die Zahl a soll eine Stelle vor dem Komma haben:

14.1 700 =	14.2 368 000 =	14.3 0,68 =
14.4 0,004176 =	14.5 70 800 000 000 =	14.6 0,00999 =
14.7 0,000431 =	14.8 6,289 =	14.9 3 910 =
14.10 0,000792 =	14.11 17,4 =	14.12 4 270 =
14.13 0,12 =	14.14 692 000 =	14.15 0,000072 =

15 Schreiben Sie die folgenden Angaben in Form eines Dezimalbruches:

15.1	Wellenlänge des blauen Lichtes:	$4{,}8 \cdot 10^{-7}$ m	15.2	Landfläche auf der Erde:	$1{,}48 \cdot 10^{8}$ km^2
15.3	Dauer eines Blitzes:	$2 \cdot 10^{-4}$ s	15.4	Durchmesser von Darmbakterien:	$1{,}5 \cdot 10^{-2}$ mm
15.5	Siedetemperatur von Silizium:	$2{,}63 \cdot 10^{3}$ °C	15.6	Weinbergschnecke: Weg/Std.:	$3{,}2 \cdot 10^{-3}$ km

16 Rechnen Sie die folgenden Größen jeweils in die nächstkleinere Einheit um:

16.1 50 kg =	16.2 17 m =	16.3 0,17 m^2 =
16.4 42,5 dm^3 =	16.5 0,5 h	16.6 40 dt =
16.7 7 hl =	16.8 14 ha =	16.9 0,08 cm =
16.10 0,0007 km^3 =	16.11 0,12 kg =	16.12 18,4 km =
16.13 0,2 g =	16.14 20 $\frac{\text{km}}{\text{h}}$ =	16.15 0,24 kWh =

17 Rechnen Sie die folgenden Größen jeweils in die nächstgrößere Einheit um:

17.1 84 kg =	17.2 73 m =	17.3 0,42 m^2 =
17.4 75,8 dm^3 =	17.5 75 min =	17.6 37 dt =
17.7 8 *l* =	17.8 31 ha	17.9 0,03 cm
17.10 0,72 cm^3 =	17.11 200 mg =	17.12 12 $\frac{\text{m}}{\text{s}}$ =
17.13 12 800 g =	17.14 140 *l* =	17.15 960 s =

18 Rechnen Sie die folgenden Größen jeweils in die angegebenen Einheiten um:

18.1	81,3 kg =	mg	18.2	19 ha =	m^2	18.3	13,5 hl =	dm^3
18.4	10^{-9} m =	mm	18.5	10^{-6} m =	cm	18.6	25 l =	cm^3
18.7	1,5 h =	s	18.8	0,07 t =	g	18.9	870 cm^2 =	m^2
18.10	5 000 000 mm^3 =	m^3	18.11	180 h =	d	18.12	140 000 mg =	kg
18.13	400 min =	h	18.14	72 $\frac{\text{km}}{\text{h}}$ =	$\frac{\text{m}}{\text{s}}$	18.15	0,05 l =	cl

Rechnen mit gemeinen Brüchen und Dezimalbrüchen

19 Vergleichen Sie die nachfolgenden gemeinen Brüche; setzen Sie jeweils das richtige Relationszeichen (>, < oder =) ein:

19.1 $\frac{7}{4} \square \frac{2}{3}$	19.2 $\frac{7}{18} \square \frac{5}{12}$	19.3 $\frac{7}{9} \square \frac{3}{4}$	19.4 $\frac{4}{3} \square \frac{7}{5}$	19.5 $\frac{15}{35} \square \frac{8}{14}$
19.6 $\frac{7}{8} \square \frac{5}{6}$	19.7 $\frac{13}{20} \square \frac{9}{14}$	19.8 $\frac{8}{30} \square \frac{12}{45}$	19.9 $\frac{8}{30} \square \frac{5}{18}$	19.10 $\frac{11}{24} \square \frac{7}{18}$

20 Ordnen Sie die nachfolgenden Brüche bzw. ganzen Zahlen der Größe nach! Beginnen Sie mit der kleinsten Zahl:

$\frac{9}{16}$; 1; $\frac{5}{64}$; $\frac{12}{16}$; $\frac{10}{32}$; 2; $\frac{7}{4}$; $\frac{1}{2}$; $\frac{60}{64}$; $1\frac{1}{8}$; $\frac{18}{32}$; $\frac{5}{16}$

21 Lösen Sie die folgenden Aufgaben in $\mathbb{Q}^+$ und geben Sie die Resultate jeweils in Form gekürzter Brüche an:

21.1 $\frac{2}{3} + \frac{3}{4} =$	21.2 $\frac{4}{5} + \frac{8}{12} =$	21.3 $\frac{8}{9} - \frac{5}{6} =$	21.4 $\frac{3}{8} - \frac{5}{12} =$	21.5 $\frac{15}{8} \cdot \frac{10}{12} =$
21.6 $\frac{14}{9} \cdot \frac{21}{8} =$	21.7 $\frac{4}{9} : \frac{8}{18} =$	21.8 $\frac{12}{15} : \frac{10}{7} =$	21.9 $\frac{25}{21} : \frac{10}{28} =$	21.10 $\frac{12}{21} \cdot \frac{56}{144} : \frac{20}{45} =$

22 Ergänzen Sie die folgenden Gleichungen so, dass wahre Aussagen entstehen:

22.1 $\frac{3}{2} - \square = \frac{1}{4}$	22.2 $\frac{5}{6} + \square = \frac{11}{12}$	22.3 $\frac{4}{5} \cdot \square = \frac{6}{5}$	22.4 $\square - \frac{3}{5} = \frac{17}{30}$
22.5 $\frac{3}{8} + \square = \frac{11}{20}$	22.6 $\square + \frac{2}{9} = \frac{10}{21}$	22.7 $\square \cdot \frac{25}{12} = \frac{5}{3}$	22.8 $\frac{9}{16} - \square = \frac{7}{12}$
22.9 $\square : \frac{20}{7} = \frac{3}{4}$	22.10 $\square + \frac{5}{12} = \frac{13}{18}$		

23 Bestimmen Sie für die folgenden gemeinen Brüche jeweils die beiden natürlichen Zahlen, zwischen denen der Bruch liegt!

23.1 $\square < \frac{4}{5} < \square$	23.2 $\square < \frac{13}{6} < \square$	23.3 $\square < 1\frac{2}{3} < \square$	23.4 $\square < \frac{16}{4} < \square$
23.5 $\square < 6\frac{8}{4} < \square$	23.6 $\square < \frac{1}{84} < \square$	23.7 $\square < \frac{39}{2} < \square$	23.8 $\square < \frac{7}{11} < \square$
23.9 $\square < 1\frac{1}{4} < \square$	23.10 $\square < \frac{31}{20} < \square$		

24 Schreiben Sie die nachfolgenden gemeinen Brüche und gemischten Zahlen in Form von Dezimalbrüchen:

24.1 $\frac{19}{50} =$	24.2 $\frac{7}{5} =$	24.3 $\frac{17}{20} =$	24.4 $\frac{13}{25} =$	24.5 $\frac{3}{8} =$
24.6 $2\frac{4}{5} =$	24.7 $\frac{57}{25} =$	24.8 $\frac{4}{9} =$	24.9 $\frac{14}{9} =$	24.10 $\frac{4}{6} =$
24.11 $6\frac{3}{4} =$	24.12 $\frac{27}{32} =$	24.13 $\frac{81}{3} =$	24.14 $\frac{82}{3} =$	24.15 $\frac{37}{18} =$

25 Schreiben Sie die folgenden Dezimalbrüche als gemeine Brüche mit möglichst kleinem Nenner und ggf. als gemischte Zahlen:

25.1 0,4 =	25.2 0,64 =	25.3 3,12 =	25.4 4,44 =	25.5 1,52 =
25.6 7,2 =	25.7 0,54 =	25.8 3,65 =	25.9 2,008 =	25.10 0,0072 =

26 Geben Sie die Ergebnisse folgender Aufgaben sowohl als Dezimalbrüche wie auch als gemeine Brüche an:

26.1 $5-(\frac{4}{3}+1)$

26.2 $(\frac{1}{4}+\frac{3}{4})\cdot\frac{3}{2}=$

26.3 $(2-\frac{1}{2})\cdot\frac{2}{1}=$

26.4 $(\frac{17}{6}-\frac{13}{6}):\frac{2}{3}=$

26.5 $(0{,}4+\frac{6}{5})\cdot 0{,}1=$

26.6 $5-\frac{1}{8}+\frac{3}{8}+\frac{3}{4}=$

26.7 $(3{,}5-\frac{6}{12})\cdot(\frac{4}{13}-\frac{8}{26})$

26.8 $(\frac{2}{17}+\frac{17}{3}):\frac{0}{14}=$

26.9 $(\frac{3}{4}+\frac{1}{3})\cdot\frac{12}{13}=$

26.10 $\frac{4{,}7-\frac{1}{2}+\frac{9}{4}}{\frac{1}{3}}=$

26.11 $\frac{\frac{16}{21}}{\frac{8}{3}}=$

26.12 $(15{,}8+3{,}7):\frac{4}{11}-0{,}8\cdot\frac{3}{15}=$

26.13 $\frac{3}{4}\cdot\frac{11}{6}+2{,}8:\frac{7}{2}=$

26.14 $\frac{17}{32}+0{,}25:\frac{4}{7}=$

26.15 $11{,}2-\frac{5}{8}+\frac{3}{4}:\frac{1}{2}+2{,}4\cdot 0{,}3=$

26.16 $3\cdot\frac{11{,}4-\frac{17}{3}}{\frac{3}{9}}=$

26.17 $\frac{\frac{24}{48}}{\frac{16}{121}}=$

26.18 $\frac{2\frac{3}{5}-1{,}8}{1{,}8-2\frac{3}{5}}\cdot\frac{3}{5}=$

27 Lösen Sie die folgenden Aufgaben im Kopf. Nutzen Sie Rechenvorteile:

27.1 $\frac{4}{7}-\frac{1}{6}+\frac{3}{18}+\frac{3}{7}+\frac{5}{6}=$

27.2 $(\frac{4}{5}+\frac{3}{2})+\frac{1}{5}=$

27.3 $(\frac{17}{3}+\frac{1}{5})+(\frac{13}{3}+\frac{9}{5})=$

27.4 $(\frac{17}{3}\cdot\frac{1}{5})\cdot\frac{5}{17}=$

27.5 $(\frac{3}{7}\cdot\frac{9}{21})+(\frac{3}{7}\cdot\frac{12}{21})=$

27.6 $(\frac{13}{9}+\frac{4}{17}-\frac{6}{83})\cdot\frac{0}{54}=$

27.7 $\frac{14}{11}\cdot\frac{7}{9}:\frac{0}{16}=$

27.8 $(1{,}2+\frac{4}{19})+0{,}8=$

27.9 $(\frac{4}{9}\cdot 0{,}17)\cdot\frac{9}{2}=$

27.10 $(\frac{4}{9}\cdot 0{,}13)+(0{,}13\cdot\frac{5}{9})$

27.11 $\frac{12}{7}\cdot\frac{3}{8}:\frac{12}{7}\cdot\frac{4}{3}\cdot 20=$

27.12 $(0{,}25\cdot\frac{4}{3})\cdot(2{,}4+\frac{9}{15})=$

28 Ordnen Sie nachfolgende Zahlen den entsprechenden Punkten auf dem Zahlenstrahl zu:

$\frac{70}{20}$; 1,9; $\frac{38}{20}$; $\frac{3}{6}$; $\frac{158}{40}$; $\frac{4}{5}$; $2\frac{2}{5}$; 0,8; $\frac{96}{20}$; $4\frac{1}{4}$; 0,2; $\frac{39}{15}$

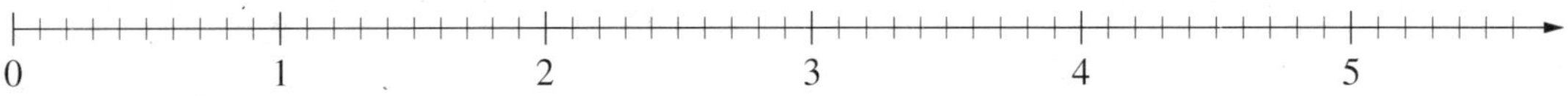

29 Ordnen Sie die nachfolgenden Brüche. Beginnen Sie mit der größten Zahl:

$2\frac{1}{4}$; 7,8; $\frac{1}{6}$; $\frac{4}{13}$; 0; 8,7; $\frac{6}{5}$; $\frac{5}{6}$; 1,2; $\frac{124}{40}$; $7\frac{4}{5}$; $\frac{4}{26}$; $\frac{9}{13}$

30 Berechnen Sie die nachfolgenden Terme vorteilhaft unter Ausnutzung wichtiger Rechengesetzmäßigkeiten:

30.1 $2\frac{2}{5}+4\frac{1}{10}=$

30.2 $\frac{8}{9}:2=$

30.3 $4\frac{2}{3}:2=$

30.4 $3{,}\overline{3}+4{,}5=$

30.5 $16\frac{1}{3}+2\frac{1}{5}=$

30.6 $\frac{7}{9}:\frac{1}{2}=$

30.7 $2{,}5-\frac{3}{10}=$

30.8 $(7\cdot\frac{5}{8})\cdot(\frac{6}{7}\cdot\frac{8}{5})=$

30.9 $\frac{23}{4}+\frac{3}{2}-\frac{7}{4}+\frac{9}{2}=$

30.10 $\frac{4}{18}:\frac{1}{3}=$

30.11 $\frac{1{,}2-0{,}3^2}{0{,}3}=$

30.12 $\frac{2{,}2\cdot 5\cdot\frac{1}{8}}{0{,}125\cdot 11\cdot 0{,}5}=$

31 Geben Sie je einen (gemeinen) Bruch an, der zwischen den vorgegebenen Brüchen liegt:

31.1 $\frac{14}{23}$ und $\frac{15}{23}$

31.2 $\frac{9}{30}$ und $\frac{9}{40}$

31.3 $\frac{3}{5}$ und $\frac{7}{15}$

31.4 $\frac{11}{7}$ und $\frac{16}{11}$

31.5 $2\frac{1}{4}$ und $2\frac{11}{40}$

31.6 $10\frac{1}{10}$ und $10\frac{1}{100}$

31.7 0,83 und $0{,}8\overline{3}$

31.8 $\frac{7}{5}$ und 1,41

31.9 $3\frac{1}{3}$ und 3,3

31.10 $\frac{4}{28}$ und $\frac{16}{112}$

Rechnen mit rationalen und nichtrationalen Zahlen

32 Ordnen Sie nachfolgende Zahlen den entsprechenden Punkten auf der Zahlengeraden zu:

$\frac{56}{20}$; $-\frac{7}{2}$; $2\frac{1}{4}$; $-\frac{5}{4}$; $-0{,}4$; $\frac{19}{4}$; $-\frac{2}{5}$; $4\frac{3}{4}$; $-2\frac{1}{10}$; $-2{,}9$; $\frac{4}{10}$; $\frac{140}{40}$

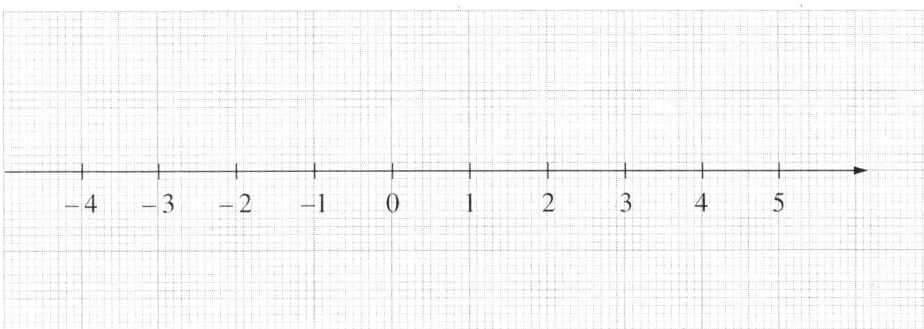

33

33.1 Lesen Sie die Koordinaten der folgenden Punkte ab:

A	B
C	D
E	F
G	H
I	K
L	M
N	O
P	

33.2 Spiegeln Sie die Figur an der y-Achse und bestimmen Sie die Koordinaten der Spiegelpunkte A' bis P'!

33.3 Bestimmen Sie möglichst ohne Zeichnung die Koordinaten der Punkte A" bis P", die bei der Spiegelung der Originalfigur an der x-Achse entstehen würden!

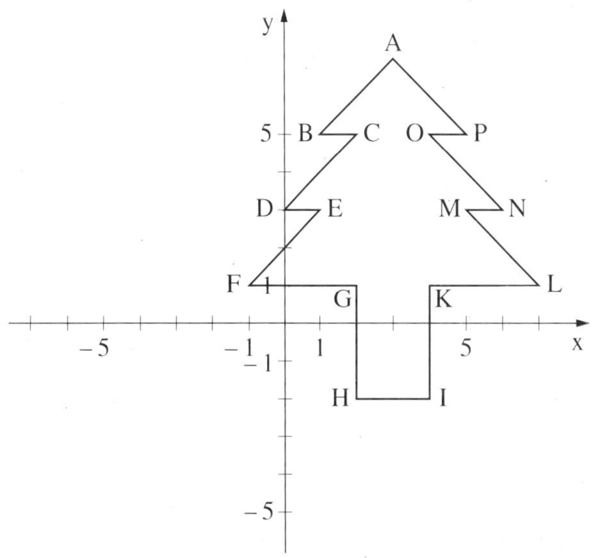

34 Ordnen Sie die folgenden rationalen Zahlen der Größe nach! Beginnen Sie mit der größten Zahl:

$\frac{47}{5}$; $-\frac{1}{10}$; $-\frac{14}{10}$; $-\frac{29}{10}$; 14,1; 0,1; −2,4; $-\frac{70}{5}$; $15\frac{3}{4}$; 5,02; $-14\frac{1}{10}$; $2\frac{1}{3}$; $-2\frac{4}{5}$

35 Berechnen Sie im Kopf:

35.1 $5^2 =$	35.2 $2^{-3} =$	35.3 $\sqrt{100} =$
35.4 $\sqrt[3]{8} =$	35.5 lg 100 =	35.6 lg 0,01 =

36 Wenden Sie die Definitionen der Potenz der Wurzel und des Logarithmus an. (Nenner seien jeweils $\neq 0$; Basen von Bruchpotenzen > 0) Rechnen Sie im Kopf bzw. vereinfachen Sie:

36.1.1 $1^3 =$	36.1.2 $3^2 =$	36.1.3 $3^4 =$	36.1.4 $5^2 =$
36.1.5 $6^3 =$	36.1.6 $2^4 =$	36.1.7 $2^5 =$	36.1.8 $2^6 =$
36.1.9 $0{,}3^2 =$	36.1.10 $0{,}5^4 =$	36.1.11 $0{,}01^3 =$	36.1.12 $0{,}06^2 =$

36.2.1 $3^{-1} =$	36.2.2 $3^0 =$	36.2.3 $2^7 =$	36.2.4 $2^8 =$
36.2.5 $3^{-2} =$	36.2.6 $(\frac{1}{3})^{-1} =$	36.2.7 $(\frac{1}{3})^3 =$	36.2.8 $9^{\frac{1}{2}} =$
36.2.9 $49^{\frac{1}{2}} =$	36.2.10 $0{,}36^{\frac{1}{2}} =$	36.2.11 $0{,}2^{-2} =$	36.2.12 $0{,}04^{0{,}5} =$
36.3.1 $\sqrt[3]{64} =$	36.3.2 $\sqrt[4]{81} =$	36.3.3 $\sqrt[4]{625} =$	36.3.4 $\sqrt[3]{\frac{27}{64}} =$
36.3.5 $\sqrt[3]{\frac{8}{125}} =$	36.3.6 $\sqrt[4]{0} =$	36.3.7 $\sqrt[9]{1} =$	36.3.8 $\sqrt[3]{-27} =$
36.3.9 $\sqrt[3]{0{,}008} =$	36.3.10 $\sqrt[3]{8000000} =$	36.3.11 $\sqrt{1{,}44} =$	36.3.12 $\sqrt{0{,}0144} =$
36.4.1 $b^{-2} =$	36.4.2 $a^{\frac{1}{2}} =$	36.4.3 $0^0 =$	36.4.4 $(-3)^0 =$
36.4.5 $k^0 =$	36.4.6 $(\frac{1}{a})^{-1} =$	36.4.7 $(\frac{1}{5})^{-2} =$	36.4.8 $(2^3)^2 =$
36.4.9 $(2^3)^{-1} =$	36.4.10 $4^{\frac{1}{4}} =$	36.4.11 $(0{,}2)^{-1} =$	36.4.12 $(0{,}\bar{6})^{-2} =$
36.5.1 $(x+y)^{-1} =$	36.5.2 $(x+y)^0 =$	36.5.3 $(x+y)^{-2} =$	36.5.4 $(x+y)^{\frac{1}{2}} =$
36.5.5 $(x+y)^{-\frac{1}{2}} =$	36.5.6 $\sqrt{x^2} =$	36.5.7 $\sqrt[3]{x^9} =$	36.5.8 $\sqrt[4]{x^{12}} =$
36.5.9 $\sqrt[12]{x^4} =$	36.5.10 $\sqrt[3]{x^6 + y^9} =$	36.5.11 $\sqrt[3]{a^3 x^6} =$	36.5.12 $\sqrt{0{,}04x^4} =$
36.6.1 $(\frac{1}{3})^{-2} =$	36.6.2 $(\frac{4}{3})^{-2} =$	36.6.3 $12^{-2} =$	36.6.4 $\frac{1}{3^{-2}} =$
36.6.5 $(\frac{a}{2})^{-2} =$	36.6.6 $(\frac{a}{2})^2 =$	36.6.7 $(\frac{a^2}{4})^{\frac{1}{2}} =$	36.6.8 $(-2)^3 =$
36.6.9 $2^{-3} =$	36.6.10 $(-2)^{-3} =$	36.6.11 $(-0{,}1)^{-3} =$	36.6.12 $-(0{,}1)^{-3} =$
36.7.1 $\log_2 16 =$	36.7.2 $\log_2 \frac{1}{8} =$	36.7.3 $\log_2 0 =$	36.7.4 $\log_2 1 =$
36.7.5 $\log_2 -4 =$	36.7.6 $\log_2 \frac{3}{48} =$	36.7.7 $\log_2 \frac{1}{4} =$	36.7.8 $\log_{\frac{1}{4}} 2 =$
36.7.9 $\log_{\frac{1}{4}} \frac{1}{2} =$	36.7.10 $\log_6 1 =$	36.7.11 $\log_3 9^3 =$	36.7.12 $\log_2 \sqrt{1024} =$
36.8.1 $\lg 1 =$	36.8.2 $\lg 100 =$	36.8.3 $\lg 0{,}01 =$	36.8.4 $\lg \frac{1}{1000} =$
36.8.5 $\lg 10^7 =$	36.8.6 $10^{\lg 3} =$	36.8.7 $10^{\lg 7} =$	36.8.8 $\ln e^2 =$
36.8.9 $\ln 1 =$	36.8.10 $1^{\ln 2} =$	36.8.11 $10^{\lg x + 1} =$	36.8.12 $10^{\lg(x+1)} =$
36.9.1 $\log_2 \sqrt{2} =$	36.9.2 $\lg \sqrt{10} =$	36.9.3 $\log_6 \frac{1}{\sqrt{6}} =$	36.9.4 $\log_4 0{,}25 =$
36.9.5 $\lg(a+b) =$	36.9.6 $\lg(a+b)^2 =$	36.9.7 $\lg(a^2 - b^2) =$	36.9.8 $\lg(3x^2) =$
36.9.9 $\lg \frac{u}{v} =$	36.9.10 $\lg \sqrt{1+x} =$	36.9.11 $\frac{1}{2} \lg 5 + \lg 3 =$	36.9.12 $\frac{1}{2}(\lg 5 + \lg 3) =$

37 Lösen Sie die folgenden Aufgaben im Kopf!

37.1 $3^4 =$	37.2 $\sqrt{625} =$	37.3 $\lg 100 =$	37.4 $\lg -10 =$
37.5 $3^{-4} =$	37.6 $\sqrt[4]{16} =$	37.7 $\lg(-10) =$	37.8 $1^{17} =$
37.9 $\lg 0{,}01 =$	37.10 $\lg 1 =$	37.11 $14^0 =$	37.12 $\sqrt[3]{-8} =$
37.13 $\lg 0 =$	37.14 $(\frac{1}{2})^2 =$	37.15 $\log_2 8 =$	37.16 $-\sqrt[3]{8} =$
37.17 $\log_3 \frac{1}{27} =$	37.18 $0{,}5^{-2} =$	37.19 $\sqrt{\frac{4}{9}} =$	37.20 $\lg 1000 - \lg 100 =$

37.21	$-1{,}2^2 =$	37.22	$(3^8)^0 =$	37.23	$\sqrt{\sqrt{4}} =$	37.24	$(\lg 10)^7 =$
37.25	$(-0{,}5)^{-2} =$	37.26	$\sqrt{3{,}5}^{\,4} =$	37.27	$\sqrt[3]{\sqrt{64}} =$	37.28	$\left((\frac{1}{2})^3\right)^{-\frac{1}{3}} =$
37.29	$0^{10} =$	37.30	$0{,}25^{-2} =$	37.31	$\lg(1^{-5}) =$	37.32	$(\lg 1)^{-5} =$

38 Ergänzen Sie die nachfolgende Tabelle. (Runden Sie die Ergebnisse auf Hundertstel):

	o	p	q	r	$\lvert o\rvert$	$\sqrt{p}$	q^3	$\frac{o+p}{q\cdot r}$	$\frac{o-p}{q-r}$	$\sqrt{op} - \sqrt{qr}$	$\lg o - \lg p$	$\sqrt{r} + 2\lg q$
38.1	0	1	2	3								
38.2	−4	−2	0	4								
38.3	−2,5	$\frac{1}{2}$	3	−8								
38.4	1,25	$\frac{1}{3}$	−0,7	0,8								
38.5	$2\frac{1}{2}$	−0,1	−0,1	−0,1								
38.6	14,5	0	0	−2								
38.7	$\sqrt{1}$	$\sqrt{2}$	$\sqrt{3}$	$\sqrt{4}$								
38.8	1	2	−3	lg 4								
38.9	$\sqrt{5}$	lg 5	5	−5								
38.10	lg 0	$\sqrt{10}$	10^2	10^3								

39 (Nenner, Potenzbasen > 0; Radikanden ≥ 0)

39.1	$5^3 \cdot 5^6 =$	, denn $a^m \cdot a^n =$		39.2	$\frac{4^7}{4^3} =$	, denn $\frac{a^m}{a^n} =$
39.3	$(3 \cdot 172)^2 =$	, denn $(a \cdot b)^n =$		39.4	$(4^5)^2 =$	, denn $(a^b)^c =$
39.5	$a^{\frac{2}{7}} = \sqrt{}$	, denn $a^{\frac{m}{n}} =$	$a > 0$	39.6	$\sqrt{7} \cdot \sqrt{3} =$	, denn $\sqrt[n]{a} \cdot \sqrt[n]{b} =$
39.7	$\frac{\sqrt[4]{11}}{\sqrt[4]{17}} =$	, denn $\frac{\sqrt[m]{a}}{\sqrt[m]{b}} =$	$a, b > 0$	39.8	$(\sqrt[3]{5})^4 =$	, denn $(\sqrt[n]{a})^m =$
39.9	$\sqrt[3]{7} \cdot \sqrt[4]{7} =$	, denn $\sqrt[m]{a} \cdot \sqrt[n]{a} =$				

40 Vereinfachen Sie die nachfolgenden Terme durch Anwendung der Potenzgesetze:

40.1	$4^{12} \cdot 4^8 =$	40.2	$7^8 \cdot 3^8 =$	40.3	$(9^4)^{0,5} =$
40.4	$3^{-24} =$	40.5	$7^0 \cdot 4^6 =$	40.6	$1^{26} \cdot 1^{23} =$
40.7	$4^{3+\sqrt{2}} \cdot 4^{3-\sqrt{2}} =$	40.8	$4^3 \cdot 12^6 \cdot 12^9 \cdot 3^3 =$	40.9	$3^{\sqrt{18}} \cdot 3^{\sqrt{32}} =$
40.10	$2^{4-\sqrt{3}} \cdot 2^{4+\sqrt{3}} =$	40.11	$0{,}2^{\frac{1}{2}} \cdot 0{,}2^{\frac{3}{4}} =$	40.12	$6{,}4^{\frac{5}{8}} \cdot 6{,}4^{\frac{3}{8}} =$
40.13	$(\frac{3}{5})^{\frac{1}{7}} \cdot (\frac{3}{5})^{\frac{4}{7}} \cdot (\frac{3}{5})^{\frac{2}{7}} =$	40.14	$(\frac{1}{4})^{\frac{3}{7}} \cdot 4^{\frac{4}{7}} =$	40.15	$(\frac{3}{4})^{-3} \cdot (\frac{9}{2})^{-3} =$
40.16	$(\frac{3}{4})^{\frac{1}{2}} \cdot (\frac{9}{2})^{\frac{1}{2}}$	40.17	$\frac{10^{\frac{11}{6}}}{10} =$	40.18	$\frac{(\frac{4}{7})^{\frac{6}{5}}}{(\frac{4}{7})^{\frac{1}{5}}} =$

41 Überprüfen Sie die Wahrheit der nachfolgenden Aussagen. Berichtigen Sie die falschen Lösungen:

41.1 $2^{\frac{3}{2}} \cdot 3^{\frac{4}{2}} \cdot 2^{\frac{1}{2}} = 6^2$

41.2 $4^{\frac{1}{3}} \cdot 16^{\frac{1}{3}} \cdot 2^{-3} = 4^{\frac{2}{3}} \cdot \frac{1}{2^3}$

41.3 $(\frac{1}{10})^{-\frac{1}{2}} = \sqrt{0,1}$

41.4 $\sqrt{\sqrt[5]{356}} = \sqrt[7]{356}$

41.5 $(\frac{1}{5})^3 \cdot 5^3 \cdot 0,2^{-3} = 125$

41.6 $2^{n+1} : (\frac{1}{2})^{n+1} = 1$

41.7 $(\frac{p}{q})^{-z} : (\frac{p}{2q})^{-z} = \frac{1}{2}$

41.8 $2a^3 \cdot a^{-4} + a^{-2} \cdot a = 2a^{-2}$

41.9 $(e^x - e^{-x})(e^x + e^{-x}) = 0$

42 Zerlegen Sie die Zähler und Nenner in Faktoren (Nenner seien stets $\neq 0$.). Kürzen Sie anschließend:

42.1 $\frac{a^6 + a^5}{a^4 + a^3} =$

42.2 $\frac{24a^3b^2 - 18a^2b^2}{3a^2b^2} =$

42.3 $\frac{x^n + x^{n+1}}{x^{n+1} + x^{n+2}} =$

42.4 $\frac{a^4 - b^4}{a^2 - b^2} =$

42.5 $\frac{a^2 + 14ab^2 + 49b^4}{a + 7b^2} =$

42.6 $\frac{x^{n+1} - 5x^n}{x^{n-1} - 5x^{n-2}} =$

42.7 $\frac{a^2 - 6a + 9}{a - 3} =$

42.8 $\frac{9b^2 - 12b + 4}{3b - 2} =$

42.9 $\frac{\sqrt[4]{(x-1)^2}}{x - 2} =$

43 Vereinfachen Sie die folgenden Terme durch Anwendung der Wurzelgesetze (Radikanden > 0):

43.1 $\sqrt[3]{3x} \cdot \sqrt[3]{9x^2} =$

43.2 $4\sqrt{6a} \cdot 3\sqrt{24a} =$

43.3 $\sqrt[n]{a^{n-1}b} \cdot \sqrt[n]{ab^{n-1}} =$

43.4 $\frac{\sqrt{ab}}{\sqrt{a}} =$

43.5 $\frac{\sqrt{12x^5y^3}}{-\sqrt{3x^2y}} =$

43.6 $\sqrt{\frac{-1 + x^2}{-1 + x}} =$

43.7 $\sqrt[3]{\frac{1}{\sqrt[n]{x^{6n}}}} =$

43.8 $\sqrt{4x^2\sqrt[3]{16x^{12}}} =$

43.9 $\sqrt[3]{8a^3b^6c^{18}} =$

43.10 $(\sqrt{2x^2y^4})^3 =$

43.11 $\sqrt[4]{\sqrt[3]{a^2x^6}} =$

43.12 $\frac{m \cdot \sqrt{n^3}}{n \cdot \sqrt{m^5}} =$

43.13 $\sqrt{x^3} \cdot \sqrt[3]{x^2} =$

43.14 $\frac{\sqrt{t} : \sqrt[3]{t}}{t} =$

43.15 $\frac{y}{\sqrt[3]{y^2} \cdot \sqrt[4]{y}} =$

43.16 $(\sqrt{x} + \sqrt{y})^2 =$

43.17 $(a + \sqrt{b})(a - \sqrt{b}) =$

43.18 $\sqrt{\sqrt[3]{\sqrt{8^4}}} =$

44 Machen Sie in den nachfolgenden Termen den Nenner durch geeignetes Erweitern rational:

44.1 $\frac{\sqrt{4}}{\sqrt{9}} =$

44.2 $\frac{1}{\sqrt{3}} =$

44.3 $\frac{1}{\sqrt{a}} =$

44.4 $\sqrt{\frac{5}{6}} =$

44.5 $\sqrt{\frac{x}{y}} =$

44.6 $\sqrt{\frac{a^3}{b^5}} =$

44.7 $\frac{14}{5 \cdot \sqrt{7}} =$

44.8 $\frac{a\sqrt{a^3}}{\sqrt{a^5}} =$

44.9 $\frac{m\sqrt{n^3}}{n\sqrt{m^5}} =$

44.10 $\frac{1}{4 - \sqrt{2}} =$

44.11 $\frac{\sqrt{2}}{\sqrt{3}} =$

44.12 $\frac{\sqrt[3]{2}}{\sqrt[3]{3}} =$

44.13 $\frac{1}{\sqrt[4]{2}} =$

44.14 $\frac{\sqrt[4]{2}}{\sqrt[4]{5}} =$

44.15 $\frac{x^2}{\sqrt[3]{4x^2}} =$

44.16 $\frac{3x}{\sqrt[4]{3^3y^3}} =$

44.17 $\frac{75a}{\sqrt[3]{5a}} =$

44.18 $\frac{b}{\sqrt{8b^3}} =$

44.19 $\frac{3x}{\sqrt[4]{7^2x^3}} =$

44.20 $\frac{a}{\sqrt[5]{a^2b^3}} =$

45 Radizieren Sie teilweise:

45.1 $\sqrt{24} =$

45.2 $\sqrt[3]{32} =$

45.3 $\sqrt[3]{27a^4} =$

45.4 $\sqrt[4]{x^6y^8} =$

45.5 $\sqrt[6]{x^{-11}y^{-7}} =$

45.6 $\sqrt{a^3(x+y)^5} =$

45.7 $\sqrt[3]{x^6y^{12}z^4} =$

45.8 $\sqrt{4x^2 + 8x + 4} =$

45.9 $\sqrt{(a+b)(a^2 - b^2)} =$

45.10 $\sqrt{(a^2 - 1)(a - 1)} =$

46 Lösen Sie die nachfolgenden Exponentialgleichungen durch inhaltliche Überlegungen:

46.1 $3^x = 9$	46.2 $5^x = 5$	46.3 $24^x = 0$	46.4 $17^x = 1$
46.5 $3^x = 81$	46.6 $2^x = -8$	46.7 $2^x = \frac{1}{16}$	46.8 $6^x = \sqrt{6}$
46.9 $2^x = \sqrt[7]{8}$	46.10 $10^x = -1\,000$	46.11 $10^x = \frac{1}{1000}$	46.12 $10^x = -\frac{1}{1000}$
46.13 $10^x = (\frac{1}{1000})^2$	46.14 $e^x = e^2$	46.15 $e^x = e^{e^{\ln 2}}$	46.16 $7^x + 1 = 50$

47 (Radikanden, Nenner, Numeri > 0)

47.1	$\log_2 (5 \cdot 3) =$	, denn $\log_a (b \cdot c) =$
47.2	$\log_4 (\frac{5}{16}) =$	, denn $\log_a (\frac{b}{c}) =$
47.3	$\log_3 (7^3) =$	, denn $\log_a (b^c) =$
47.4	$\log_5 (\sqrt{2}) =$	, denn $\log_a (\sqrt[m]{b}) =$

48 Vereinfachen Sie die folgenden Terme durch Anwendung der Logarithmengesetze:

48.1 $\log_6 9 + \log_6 4 =$	48.2 $\log_4 \frac{1}{3} + \log_4 \frac{1}{6} =$	48.3 $\log_6 25 + \log_{12} 4 =$
48.4 $\log_3 2{,}7 - \log_3 \frac{1}{10} =$	48.5 $(\log_2 12 + \log_2 16) - \log_2 3 =$	48.6 $\log_5 625^7 =$
48.7 $\log_2 \sqrt[4]{8} =$	48.8 $\log_4 16^6 + \log_4 4^6 =$	48.9 $\lg x^2 - \lg x =$
48.10 $\lg a - \lg \sqrt{a} =$	48.11 $3 \lg \frac{1}{x} + \lg x^2 =$	48.12 $(\lg a^2) : \lg a =$
48.13 $2 (\lg x - \lg y) =$	48.14 $2 \lg \frac{a}{b} - \lg a + \lg b =$	48.15 $\frac{1}{3} (\lg x - 3 \lg y) =$

49 Ergänzen Sie die folgenden Tabellen:

Nr.	1	2	3	4	5	6	7	8	9	10	11	12
Grundwert G in km	38,4		40 000		0,024	234,432	3 340	666	440			2,9
Prozentsatz p in %		45	0,278	25	75		$37\frac{1}{2}$	$66\frac{2}{3}$		99	120	443
Prozentwert W in km	8,064	394,2		0, 219		117,216			19,8	1 000	17	

Nr.	13	14	15	16	17	18
Grundwert G	12 400 l	456 €		55 kg	9 870 €	
Prozentsatz p			14 %	14 %		20 %
Prozentwert W						80 l
erhöhter Grundwert G + W	13 144 l	538,08 €	41,04 cm		12 337,5 €	

Nr.	19	20	21	22	23	24
Kapital in €	2 468	6 228			7 000	1 111
Zinssatz in %	3,6		$6\frac{3}{4}$	$4\frac{1}{2}$	$5\frac{2}{5}$	
Jahreszins in €		295,83	1 676,7			122,21
Zeit in d	45		270	1	1	
Zins in €		54,24		1		37,68

(Beachte: 1 Bankjahr ≘ 360 d)

50 Untersuchen Sie die nachstehenden Zahlenfolgen auf direkte bzw. umgekehrte Proportionalität! Geben Sie, wenn möglich, eine Zuordnungsvorschrift an:

50.1

x	3,6	8	9,6	80
y	1,9	4	19,2	160

50.2

a	0,05	0,5	1	5
b	20	2	1	0,2

50.3

c	1	3	5	7
d	2	4	6	8

50.4

e	0,1	0,2	40	160
f	2 000	1 000	5	1,25

50.5

g	$\frac{1}{4}$	$\frac{1}{2}$	1	2
h	20	40	80	160

50.6

s	0,8	3,2	–1,6	–96
t	12,4	49,6	–24,8	–1 488

50.7

v	$-\frac{1}{12}$	0,25	–4	12
w	$\frac{1}{48}$	$-\frac{1}{16}$	1	$-\frac{15}{5}$

50.8

m	14	0,9	–2,6	–74
n	–8,2	–0,53	1,52	43

Mengen und Mengenbeziehungen; Intervalle

51

51.1 Geben Sie die Menge M aller geraden Zahlen zwischen 3 und 11 und die Menge N aller durch 3 teilbaren Zahlen zwischen 2 und 14 an: $M = \{\ldots$ $N = \{\ldots$

51.2 Bilden Sie die Durchschnittsmenge D und die Vereinigungsmenge V von M und N: $D = M \cap N = \{\ldots$ $V = M \cup N = \{\ldots$

51.3 Geben Sie alle dreielementigen Teilmengen von N an: $T_1 = \{\ \ ,\ \ ,\ \ \}; \ldots$

52 Geben Sie die folgenden Teilmengen von ℝ in Intervallschreibweise (also mittels der Klammern] bzw. [ ) an:

52.1 $A = \{a \mid -2 \le a \le 3\}$ 52.2 $B = \{b \mid 3 \le b \le 5\}$ 52.3 $C = \{c \mid -\pi \le c < \pi\}$

52.4 $D = \{d \mid 0 \le d \le 9{,}5\}$ 52.5 $E = \{e \mid 0 \le e \le \frac{1}{3}\}$ 52.6 $F = \{f; -1 \le f \le 1\}$

52.7 $G = \{g \mid -\infty < g < 0\}$ 52.8 $H = \{h \mid -45 < h < \infty\}$ 52.9 $K = \{k \mid 4 < k < 6\}$

52.10 $L = \{l \mid -\infty < l < \infty\}$ 52.11 $M = \{m \mid -3 < m \le 4\}$ 52.12 $N = \{n; 0 \le n \le \infty\}$

53 Geben Sie die auf der Zahlengeraden dargestellten Teilmengen von ℝ in der Intervallschreibweise an:

53.1 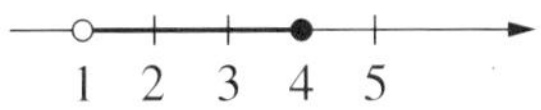

53.2 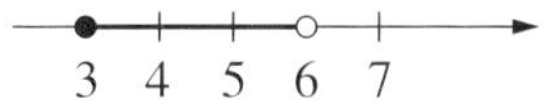

53.3 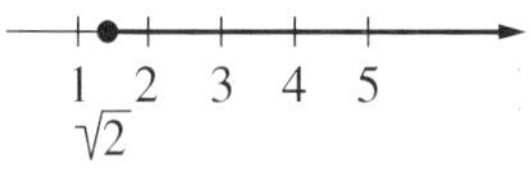

53.4 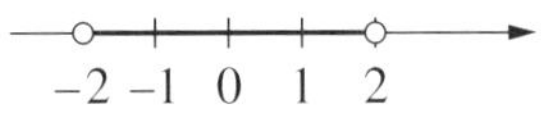

53.5 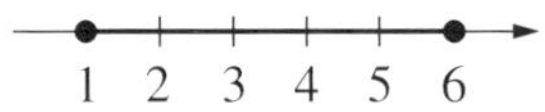

53.6 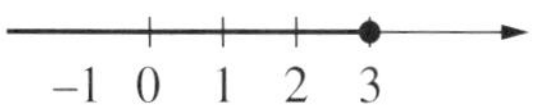

54 Geben Sie die Elemente der folgenden Mengen an:

54.1 $P = \{p \mid p \in \mathbb{N} \text{ und } 0 \le p < 7\}$ 54.2 $Q = \{q \mid q \in \mathbb{Q}^+ \text{ und } q = \frac{1}{n} \text{ mit } n \in [1; 8[; n \in \mathbb{N}\}$

54.3 $R = \{r \mid r \in \mathbb{Z} \text{ und } r \in]-4; 6]\}$ 54.4 $S = \{s \mid s \in \mathbb{N} \text{ und } s \in]-4; 0[\}$

55 Im Folgenden wird als Grundmenge die Zahlenmenge $\Omega = \{x \mid x \in \mathbb{N} \text{ und } x < 21\}$ angenommen. In dieser Grundmenge sind die Mengen $A = \{1; 2; 3; 4; 5; 6; 7; 8\}$; $B = \{6; 7; 8\}$; $C = \{1; 2; 3; 4; 5; 6\}$; D = {Menge der geraden Zahlen kleiner als 20} und E = {Menge der ungeraden Zahlen kleiner oder gleich 19} definiert.

55.1 Entscheiden Sie, ob die angegebenen Aussagen „wahr" oder „falsch" sind:

	$A \subseteq B$	$B \subseteq A$	$A \subseteq D$	$7 \in C$	$A = B \cup C$	$\{4; 5; 6\} \subseteq D$	$E \cap D = A$	$B \cap D = A$	$A \cup B = A$
Wahr									
Falsch									

55.2 Ermitteln Sie:

$A \cap B = \{\ \ ;\ \ ;\ \ \}$	$(A \cup D) \setminus B =$
$A \cap C =$	$B \cap C =$
$B \cup D =$	$D \cap E =$
$B \cup C$	$A \cap D =$
$A \setminus B =$	$B \cap D =$
$C \cup D =$	$B \setminus C =$
$C \cap D =$	$(A \cap B) \cup C =$
$C \cup E =$	$\Omega \setminus E =$

56 Geben Sie die folgenden Mengen in einer der Darstellungsformen an:

56.1 A ist die Menge der natürlichen Zahlen, die kleiner als 5 sind.

56.2 B ist die Menge aller geraden Primzahlen.

56.3 C ist die Menge aller reellen Zahlen, die größer als -21 und kleiner als π sind.

56.4 D ist die Menge aller reellen Zahlen, die kleiner als -4 und größer als 8 sind.

56.5 E ist die Menge aller reellen Zahlen, die kleiner als -4 oder größer als 8 sind.

56.6 F ist die Menge aller ganzen Zahlen, die kleiner als 0 und durch 2 teilbar sind.

57 Veranschaulichen Sie die folgenden Mengen jeweils auf einer Zahlengeraden:

57.1 $M = \{x \in \mathbb{R} \mid -3{,}5 \le x \text{ und } 3{,}5 \ge x\}$

0

57.2 $M = \{x \in \mathbb{N} \mid x < 25 \text{ und 4 ist Teiler von } x\}$

57.3 $M = \{x \in \mathbb{R} \mid x < 5 \text{ und } x > -2\}$

57.4 $M = \{x \in \mathbb{R} \mid x < 2 \text{ und } x \neq -4\}$

57.5 $M = [-3; 4] \cup [2; 5[; (M \subseteq \mathbb{R})$

57.6 $M =]-4; -1] \cup]-1; 2]$

57.7 $M = [-2; 4] \cap \{x \in \mathbb{R} \text{ und } x < \sqrt{10}\}$

57.8 $M = [-4; 0[\cup \{x \in \mathbb{R} \mid x \le 4 \text{ und } x \ge 2\}$

57.9 $M = \{x \in \mathbb{Q} \mid 0 < x < 1\} \cup \{2; \sqrt{2}; \sqrt{0{,}5}; \sqrt{0{,}25}\}$

58 Beschreiben Sie die Mengen (bzw. deren Elemente), die in den folgenden Darstellungen durch grau unterlegte Flächen gekennzeichnet sind (A und B seien jeweils die angegebenen Kreisflächen):

58.1
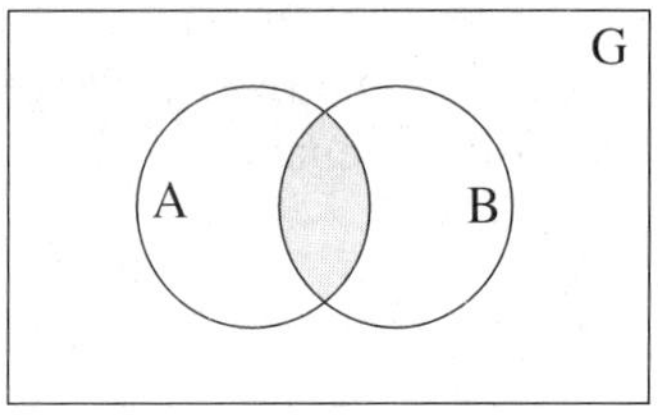

58.2
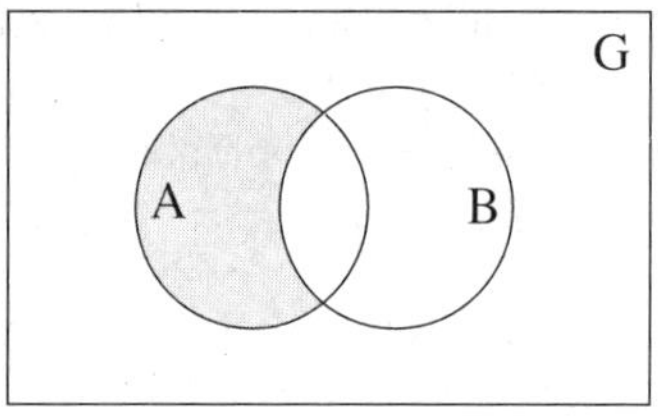

58.3
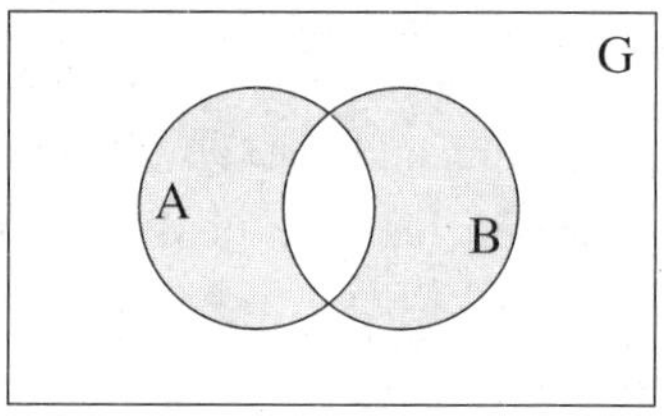

58.4
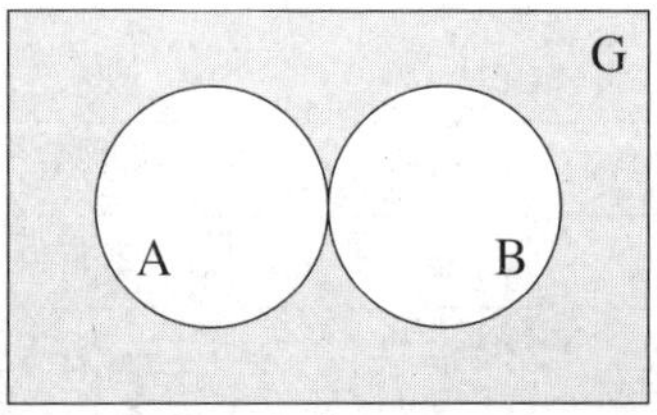

58.5
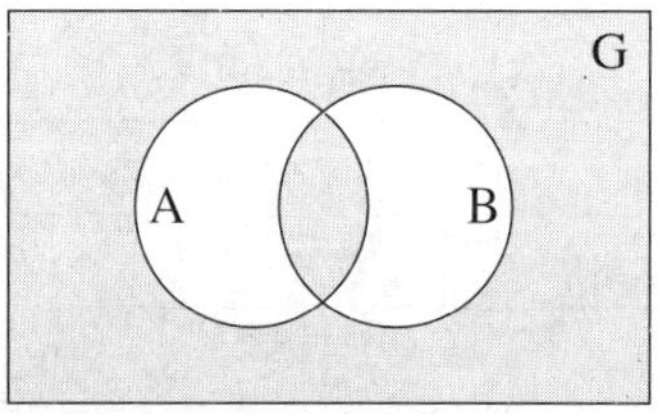

58.6
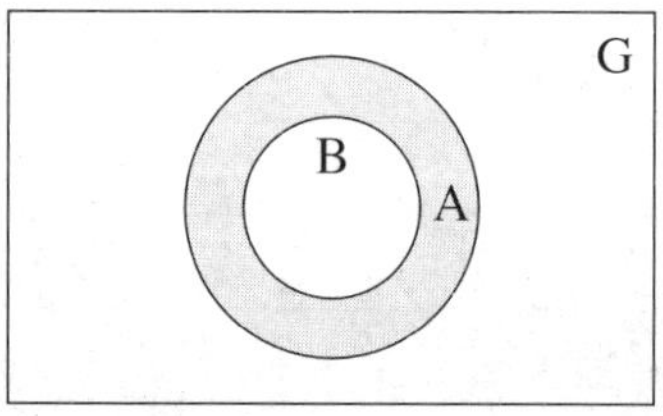

Terme und Termumformungen

59 Terme mit Variablen

59.1 Beschreiben Sie mittels eines Terms:
Es ist die Differenz aus der dritten Potenz einer Zahl und der Zahl selbst zu bilden und das Ergebnis durch 6 zu dividieren.

59.2 Geben Sie die Länge des nachfolgenden Streckenzugs unter Verwendung von a und b an:

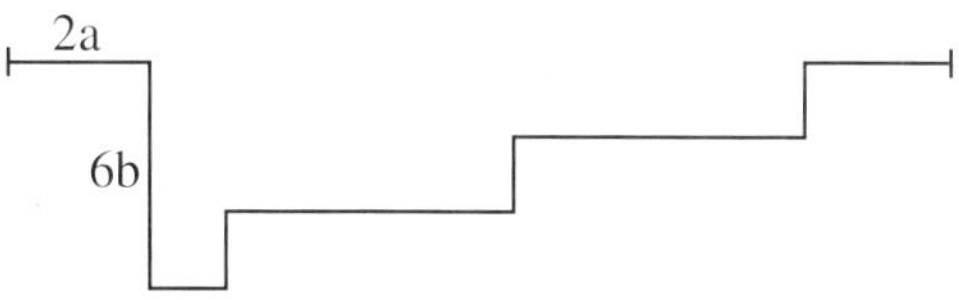

60 Beschreiben Sie mit Hilfe von Variablentermen die folgenden Operationen und bestimmen Sie jeweils die Struktur der Terme:

60.1 Es ist die Summe der Zahlen 13 und a mit deren Differenz zu multiplizieren.
60.2 Man subtrahiere vom Produkt der Zahlen b und 7 den Quotienten dieser Zahlen.
60.3 Es ist c durch die vierte Potenz von 3 zu dividieren.
60.4 Es ist die Summe der Zahlen von 12 und d zu quadrieren.
60.5 Man dividiere die dritte Potenz von e durch die Summe aus 1 und e.
60.6 Von einer Zahl ist 4 zu subtrahieren und das Ergebnis dann mit der Differenz von 7 und f zu multiplizieren.
60.7 Es ist eine Zahl um die größte zweistellige Zahl zu vermehren und von dem Resultat die dritte Potenz zu bilden.
60.8 Man multipliziere eine natürliche Zahl mit ihrem Vorgänger und ihrem Nachfolger und berechne dann den dritten Teil des Resultats.

61 Geben Sie unter Verwendung der in den Skizzen verwendeten Variablen jeweils Formeln für die Berechnung der gesuchten Größen an:

61.1 gesucht: u; A

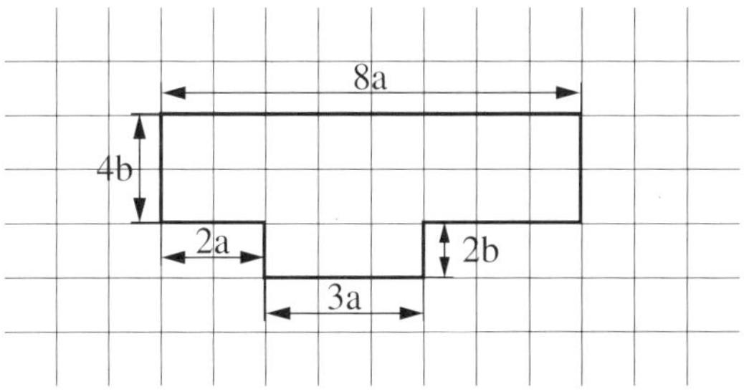

61.2 gesucht: u; A

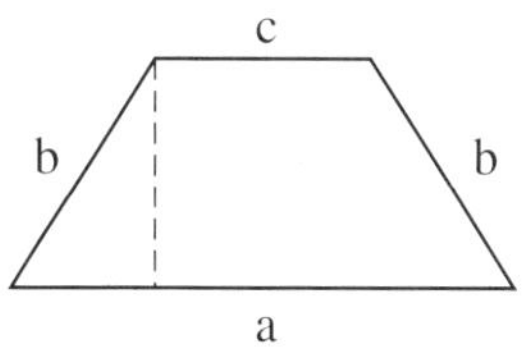

61.3 gesucht: u; A

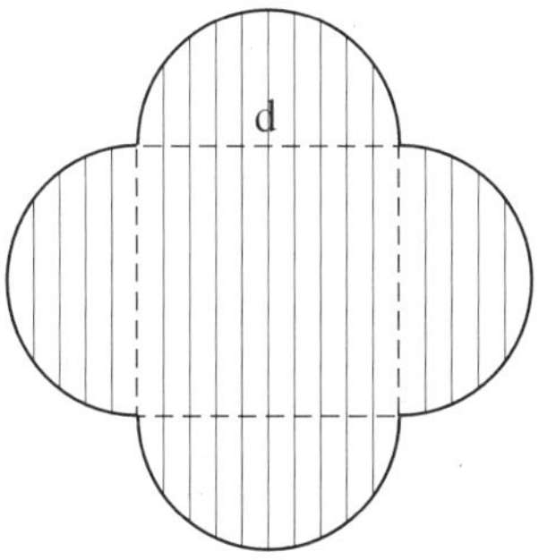

61.4 gesucht: u; A

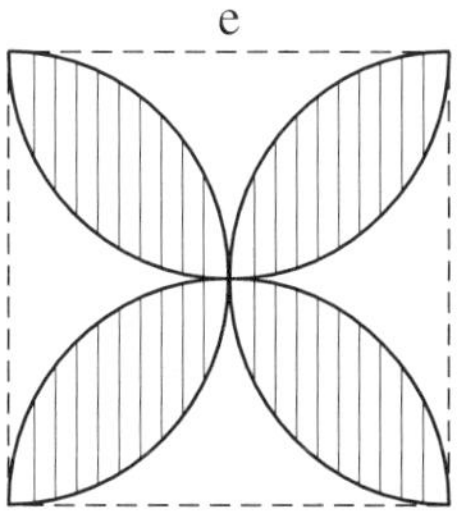

61.5 gesucht: u; A

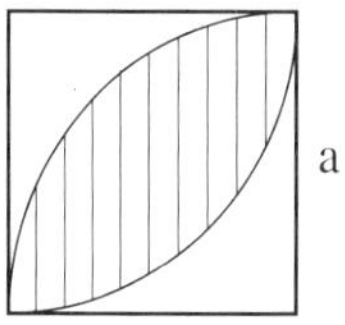

61.6 gesucht: u; A

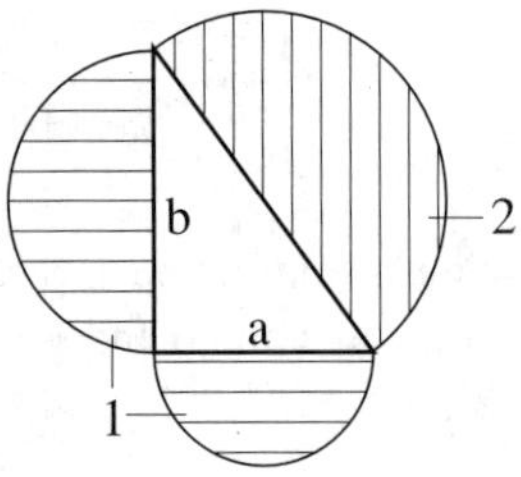

61.7 gesucht: u; A

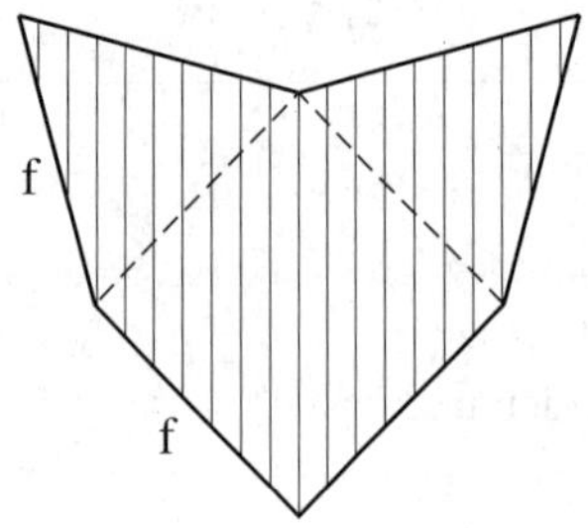

61.8 gesucht:
V; O der quadratischen Pyramide
Bedingungen: h = a

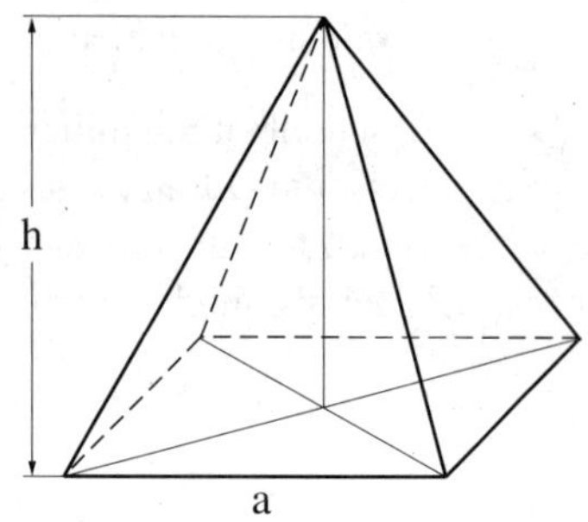

61.9 gesucht: V; O
Bedingungen:
$a = d_z = h_z = d_k = h_k$

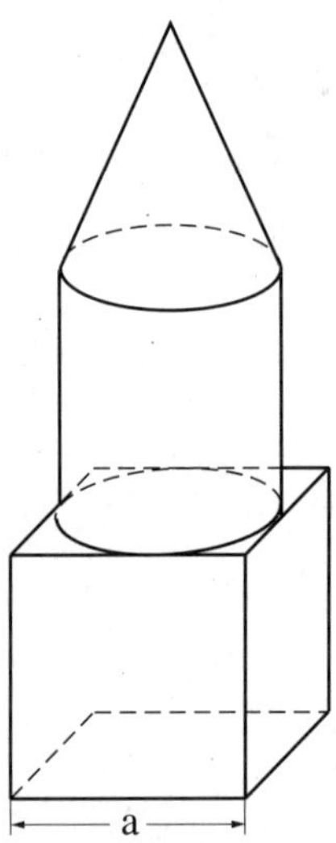

61.10 gesucht:
V des Restkörpers, wenn aus einem Quader zwei einander und die Quader„wände" berührende Kugeln entfernt werden.
Bedingung: $a = d_K$

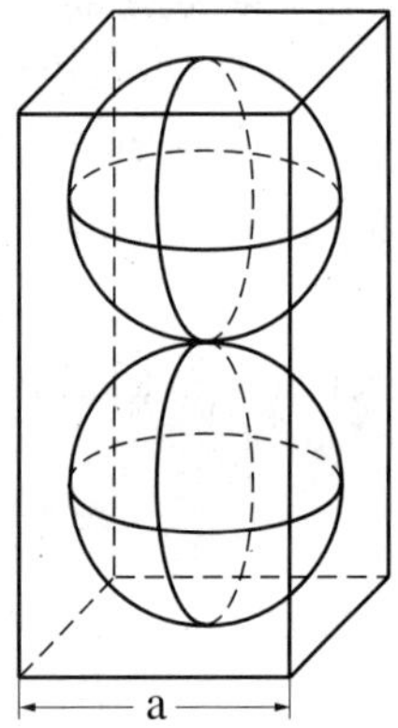

61.11 gesucht:
V; O des Restkörpers, wenn in den Zylinder ein kegelförmiger „Krater" gebohrt wird.
Bedingung:
$h_{Zy} = h_{Ke} = r$

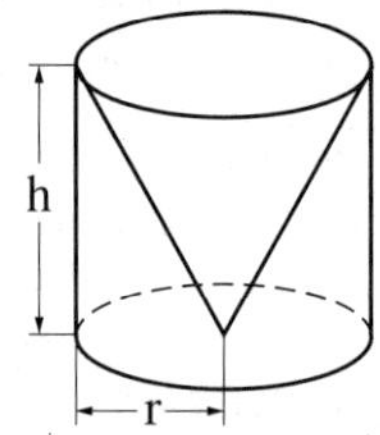

62 Berechnen Sie den Wert der Terme für $a = -6$; $b = 5$; $c = (-2)^3$:

62.1 $a + b : c =$

62.2 $(a + b) : c =$

62.3 $(a + b)^c =$

63 Berechnen Sie den Wert folgender Terme jeweils für $a = 2$; $b = -10$ und $c = \frac{4}{5}$:

63.1 $(a + b) \cdot c =$

63.2 $\frac{a + b}{c}$

63.3 $\frac{1}{a} + \frac{1}{b} + \frac{1}{c} =$

63.4 $\sqrt{a \cdot |b| \cdot c} =$

63.5 $a + b \cdot c =$

63.6 $a + \frac{b}{c} =$

63.7 $\sqrt{abc} =$

63.8 $(b + c)^a =$

63.9 $(a^c)^b =$

63.10 $a^{(c^b)} =$

63.11 $(b^a)^c =$

63.12 $(c^a)^b =$

64 Ermitteln Sie den Wert der Terme! Runden Sie die Endergebnisse jeweils auf Hundertstel:

a	b	$3a + 2b$	$\frac{a+b}{a \cdot b}$	$\frac{a-b}{a+b}$	$\frac{a:b}{(a+b)^2}$	$(\frac{a \cdot b}{a+b})^2$	$\frac{a^2+b^2}{a+b}$	$\sqrt{ab} - \sqrt{a-b}$
3,19	2,52							
7,2	−1,4							
−8,2	−8,2							

65 Für welche $a \in \mathbb{R}$ sind die folgenden Terme nicht definiert?

65.1 $\frac{4}{a^2 + 2a} + \frac{3a + 2}{2 - 0{,}5a^2}$

65.2 $\sqrt{\frac{64}{9} - a^2}$

65.3 $\frac{1}{\sin a}$

66 Für welche Werte der Variablen sind die nachfolgenden Terme nicht definiert?

66.1 $\sqrt{a - 2}$

66.2 $\sqrt{(c-1)(c+1)}$

66.3 $\tan x$

66.4 $\lg x$

66.5 $\sqrt{2 - 5b}$

66.6 $\sqrt{(d-4)^2}$

66.7 $\frac{1}{2 \cos x}$

66.8 $\log_2 x$

66.9 7^x

66.10 $2 \tan x$

66.11 $\tan 2x$

66.12 $\tan(2 + x)$

66.13 $\lg(x^2)$

66.14 $(\lg x)^2$

66.15 $\frac{1}{\lg x}$

66.16 $\frac{1}{7^x}$

66.17 $\sqrt{d^2 - 4}$

66.18 $\sqrt{\log_2 x}$

67 Bestimmen Sie die Definitionsmenge folgender Bruchterme:

67.1 $\frac{x}{x-4} + \frac{1}{x+4}$

67.2 $1 - \frac{3a}{a^2 - 9} - \frac{a}{a+3}$

67.3 $\frac{1}{2b} - \frac{1}{3b}$

67.4 $\frac{c}{2c-4} - \frac{c+1}{3c-6}$

67.5 $\frac{1}{1-4d^2} - \frac{1}{1+2d} - \frac{1}{2d - 8d^3}$

67.6 $\frac{6}{2e-2} - \frac{4(e+1)}{e^2 + 2e + 1} + \frac{2e}{2e^2 - 2} + \frac{5e}{e^2 - e^3}$

68 Wenden Sie die binomischen Formeln an:

68.1 $(\frac{1}{2}ab^2 + \quad)^2 = \frac{1}{4}a^2b^4 + ab^2c^3 + \ldots$

68.2 $(\sqrt{2a} - \sqrt{6b})^2 =$

68.3 $87^2 =$

68.4 $301^2 =$

69 Formen Sie die nachfolgenden Potenzen bzw. Produkte von Binomen in Summen um:

69.1 $(4x - 2y)^2 =$

69.2 $(7a^2 + b)^2 =$

69.3 $(0{,}2ab - 0{,}5bc)^2 =$

69.4 $(9a - \frac{1}{3}b^2)^2 =$

69.5 $(\frac{1}{3}y^2 - \frac{3}{8}z^2)^2 =$

69.6 $(2a + 3b)^2 =$

69.7 $(2u^2 - 3v^2)^2 =$

69.8 $(0{,}1r + 4s)(0{,}1r - 4s) =$

69.9 $(2a^2b - 3ab^2)(2a^2b + 3ab^2) =$

70 Schreiben Sie die folgenden Terme als Potenzen oder Produkte von Binomen:

70.1 $4x^2 + 12xy + 9y^2 = (\qquad)^2$

70.2 $25a^2 - 64b^2 = (\qquad) \cdot (\qquad)$

70.3 $16m^4 - 40m^2n^2 + 25n^4 = (\qquad)^2$

70.4 $36c^6 + 36c^3d^3 + 9d^6 = (\qquad)^2$

70.5 $49e^2 + 1 + 14e = (\qquad)^2$

70.6 $40rs + 25r^2 + 16s^2 = (\qquad)^2$

70.7 $\frac{x^4}{4} - \frac{y^6}{9} = (\qquad)(\qquad)$

70.8 $-13 + 2\sqrt{13}\,c - c^2 =$

71 Ergänzen Sie die Summe links so, dass rechts das Quadrat eines Binoms steht. Vervollständigen Sie jeweils die Klammerausdrücke:

71.1 $a^2 + 4a + \_\_\_\_\_ = (\qquad)^2$

71.2 $4x^2 + 8xy + \_\_\_\_\_ = (\qquad)^2$

71.3 $64m^2 + 80mn + \_\_\_\_\_ = (\qquad)^2$

71.4 $4k^2 + \_\_\_\_\_ + 81m^2 = (\qquad)^2$

71.5 $x^2 - xy + \_\_\_\_\_ = (\qquad)^2$

71.6 $\_\_\_\_\_ - \frac{1}{2}x^4y^2 + \frac{1}{4}y^4 = (\qquad)^2$

71.7 $0{,}04r^2 + 0{,}08rs^2 + \_\_\_\_\_ = (\qquad)^2$

71.8 $2a + 3\sqrt{2ab} + \_\_\_\_\_ = (\qquad)^2$

71.9 $x^2 + 2x + \_\_\_\_\_ + y^2 - 8y + \_\_\_\_\_ = (\qquad)^2 + (\qquad)^2$

71.10 $x^2 - 4x + \_\_\_\_\_ + y^2 + \_\_\_\_\_ + 9 = (\qquad)^2 + (\qquad)^2$

72 Wenden Sie die binomischen Formeln an!

72.1 Lösen Sie die Klammern auf und fassen Sie dann zusammen:

72.1.1 $(n + 3)^2 - (n - 2)^2 =$

72.1.2 $(n + 2)^2 - 2\,(n + 2)^2 =$

72.1.3 $(n + m)^2 - (n + m)\,(n - m) =$

72.2 Lösen Sie die folgenden Aufgaben im Kopf:

72.2.1 $21^2 =$	72.2.2 $32^2 =$	72.2.3 $48^2 =$	72.2.4 $101^2 =$
72.2.5 $69^2 =$	72.2.6 $31 \cdot 29 =$	72.2.7 $42 \cdot 38 =$	72.2.8 $1{,}6 \cdot 1{,}4 =$

73 Ergänzen Sie die Lücken bei den folgenden Polynomdivisionen! Überprüfen Sie das jeweilige Ergebnis durch eine Probe:

73.1

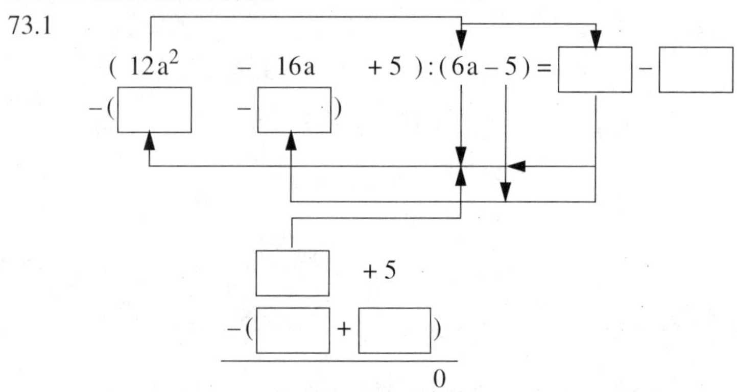

Probe: $(\square - \square) \cdot (6a - 5) =$

73.2

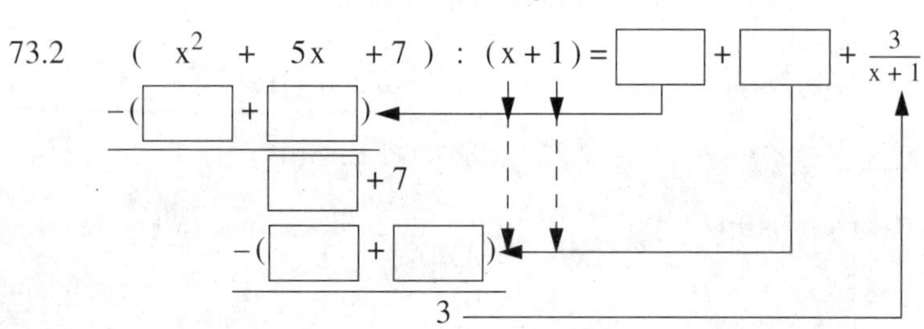

Probe: $(\square + \square) \cdot (x + 1) + 3 =$

74 Vereinfachen Sie die nachfolgenden Terme durch Polynomdivision:

74.1 $(x^2 + 9x + 20) : (x + 4) =$

74.2 $\frac{8 - 4x^2 - 8x + 3x^3}{x - 2} =$

74.3 $(2x^2 + 4) : (x - 1) =$

74.4 $(6 + 13x + 2x^2) : (4x + 2) =$

74.5 $(60a^2 + 25a^3 - 35a - 6) : (45 - 75a) =$

74.6 $(a^3 - 1) : (a - 1) =$

74.7 $\frac{27x^3 + 8}{9x + 6} =$

74.8 $\frac{2a + 4}{a^3 - 2a + 4} =$

74.9 $(18x^2 + 4) : (3x + 1) =$

74.10 $(4x^3 - 10x^2 + x - 24) : (x - 3) =$

75 Formen Sie die folgenden Bruchterme um (Nenner seien jeweils $\neq 0$):

75.1 Kürzen Sie so weit wie möglich:

a) $\frac{12ab^2c(c - 4d)}{18a^2bc^2(c - 4d)} =$

b) $\frac{6x + 8y}{30x + 40y} =$

c) $\frac{m^2 - 10m + 25}{m - 5} =$

75.2 Erweitern Sie den Quotienten so, dass im Nenner der angegebene Term steht:

a) $\frac{-3a}{4b} = \frac{\quad}{6b}$

b) $\frac{2x + 3y}{-4x} = \frac{\quad}{24x^2y}$

c) $\frac{7a(x + y)}{-4b} = \frac{\quad}{6ab^2(x - y)}$

76 Kürzen Sie die folgenden Bruchterme so weit wie möglich:

76.1 $\frac{3ab}{4a} =$

76.2 $\frac{24xy^3}{6y^2} =$

76.3 $\frac{-28m^2n^3}{-7mn^2} =$

76.4 $\frac{3a^4 \cdot 6a^2b^3}{10a^3b} =$

76.5 $\frac{0{,}4x^3y^4}{9zy^5} =$

76.6 $\frac{8x + 8y}{16} =$

76.7 $\frac{x^2 + xy}{x^2 - xy} =$

76.8 $\frac{9ab^2 + 12a^2b}{3b + 4a} =$

76.9 $\frac{9x^2 - 25y^2}{9x^2 - 30xy + 25y^2} =$

76.10 $\frac{a^2 + 1}{a^2 - 1} =$

76.11 $\frac{y^2 + by}{b^2 + by} =$

76.12 $\frac{a(a + 3) + 4(a + 3)}{a + 3} =$

76.13 $\frac{(4z^2 - z) + (8z - 2)}{4z - 1} =$

76.14 $\frac{a^3 - b^3}{a^2 - b^2} =$

76.15 $\frac{a^2 - 2ab + b^2 - c^2}{a^2 - b^2 - 2bc - c^2} =$

77 Erweitern Sie den Quotienten so, dass im Nenner der angegebene Term steht:

77.1 $\frac{3}{5} = \frac{\quad}{15a}$

77.2 $\frac{6a}{241ab} = \frac{\quad}{482a^2b}$

77.3 $\frac{3x}{7y} = \frac{\quad}{84y^2}$

77.4 $\frac{9x}{x - y} = \frac{\quad}{3x - 3y}$

77.5 $\frac{30a^2}{50b} = \frac{\quad}{15a^2b^2}$

77.6 $\frac{3xy}{x - y} = \frac{\quad}{x^2 - y^2}$

77.7 $\frac{a - 2b}{3} = \frac{\quad}{12a + 24b}$

77.8 $\frac{7x - y}{4x - 3y} = \frac{\quad}{6xy - 8x^2}$

77.9 $\frac{a - 3}{2a^2 + 6a} = \frac{\quad}{6a(a + 3)(a - 3)}$

77.10 $\frac{3x - y}{11y^2 - 6x} = \frac{\quad}{144ax^2 - 484ay^4}$

77.11 $\frac{2y - 10}{5y^2 - 125} = \frac{\quad}{10y^2 + 100y + 250}$

77.12 $\frac{1}{2bc^2 - b^2c} = \frac{\quad}{5b^3c^2 - 20b^2c^3 + 20bc^4}$

78 Fassen Sie die folgenden Terme so weit wie möglich zusammen (Nenner seien jeweils $\neq 0$):

78.1 $\frac{a-5b}{2a} + \frac{2a-3b}{4a} =$	78.2 $\frac{a-5b}{2a} - \frac{2a-3b}{4a} =$
78.3 $\frac{a-5b}{2a} \cdot \frac{2a-3b}{4a} =$	78.4 $\frac{a-5b}{2a} : \frac{2a-3b}{4a} =$
78.5 $\frac{a}{b} : \frac{a-1}{b^2} - \frac{2ab}{a-1} =$	78.6 $\frac{a}{b} : (\frac{a-1}{b^2} - \frac{2ab}{a-1}) =$

79 Fassen Sie die folgenden Terme so weit wie möglich zusammen:

79.1 $\frac{1}{a} + \frac{1}{a^2} + \frac{1}{a^3} =$	79.2 $\frac{6a}{2a-1} + \frac{-5a}{2a-1} =$	79.3 $\frac{1}{a} + 1 =$
79.4 $\frac{a+b}{b} + \frac{a+b}{a-b} =$	79.5 $a + \frac{2a+1}{a+1} =$	79.6 $\frac{1}{d} - \frac{1}{d-1} =$
79.7 $\frac{d-1}{d+1} - \frac{1}{d^2+1} =$	79.8 $\frac{4d}{1-d} - \frac{d}{d^2-1} =$	79.9 $\frac{d+4}{d-4} - \frac{d-4}{d+4} + \frac{64}{d^2-16} =$
79.10 $\frac{2d(d-e)}{d^2+e^2-2de} - \frac{d+e}{e-d} =$	79.11 $\frac{6}{2d-2} - \frac{4(d+1)}{d^2+2d+1} + \frac{2d}{2d^2-2} + \frac{7d}{d^2-d^3} =$	79.12 $(p^2-2p+1) \cdot \frac{p^2+p}{1-p^2} =$
79.13 $(\frac{1-2a^2}{1-a} - 1) : (a - \frac{a}{1-a}) =$	79.14 $\frac{3(p+r)}{15(p-r)} \cdot \frac{25(p-r)^2}{18(p+r)^2} =$	79.15 $\frac{(p+r)^2}{(r-p)^2} \cdot \frac{p^2-r^2}{p^2+r^2} =$
79.16 $\frac{85p^2+17pr}{25p^2-r^2} \cdot \frac{(5p-r)^2}{11pr} =$	79.17 $\frac{q+1}{2} : \frac{q+1}{4} =$	79.18 $\frac{6qs-2s^2}{q^2-2qs+s^2} : \frac{s}{q-s} =$
79.19 $\frac{q^3-q^2}{q^2+q} : (q^2-1) =$	79.20 $\frac{q^2-s^2}{t(t^2-2to+o^2)} : \frac{q-s}{to-o^2} =$	79.21 $\frac{\frac{a}{c} - \frac{b}{c}}{\frac{1}{cb}} =$
79.22 $a + \frac{1}{2+\frac{4}{a}} =$	79.23 $(\frac{a}{b} - \frac{b}{a}) : (\frac{1}{a} - \frac{1}{b}) =$	79.24 $\frac{3a^3+3a^2-6a}{(-4+2a) \cdot 3a} + 2 =$

80 Lösen Sie die nachstehenden Formeln nacheinander nach den angegebenen Variablen auf (Belegungen aus $\mathbb{Q}^+$):

80.1 $V = \frac{1}{3} A_G \cdot h$ ges.: A_G; h	80.2 $O = 2\pi r^2 + 2\pi rh$ ges.: h	80.3 $y = \frac{g}{2\vartheta_0^2} \cdot x^2$ ges.: ϑ_0

81 Lösen Sie nachstehenden Formeln nacheinander nach allen Variablen auf (Belegungen aus $\mathbb{Q}^+$):

81.1 $A = \frac{1}{2} ab$	81.2 $A = \frac{1}{2} e^2$	81.3 $u = 2(a+c)$
81.4 $A_\alpha = \frac{\pi \cdot \alpha}{360°} \cdot r^2$	81.5 $V = \frac{a^2}{4} h \sqrt{3}$	81.6 $V = \frac{4}{3} \pi r^3$
81.7 $R = \sqrt{h(2r-h)}$	81.8 $e = \sqrt{a^2+b^2+c^2}$	81.9 $x_M = \frac{x_1+x_2}{2}$
81.10 $a^b = c$	81.11 $\frac{W}{p} = \frac{G}{100}$	81.12 $K_n = K_o \cdot q^n$
81.13 $O = 2ab + 2bc + 2ac$	81.14 $U = I \cdot R$	81.15 $W = c \cdot m\,(T_2 - T_1)$
81.16 $\frac{1}{b} + \frac{1}{g} = \frac{1}{f}$	81.17 $E = \frac{1}{2} m \cdot v^2$	81.18 $F = \frac{\gamma \cdot m_1 \cdot m_2}{r^2}$
81.19 $T = 2\pi \sqrt{L \cdot C}$	81.20 $R = \frac{R_1 \cdot R_2}{R_1 + R_2}$	81.21 $x_T = \frac{x_1 + \lambda x_2}{1+\lambda}$
81.22 $\tan \alpha = \frac{m_2 - m_1}{1 + m_1 m_2}$	81.23 $T = 2\pi \sqrt{\frac{l}{g}}$	81.24 $V = \frac{\pi}{3} h^2 (3r - h)$ (nur nach r auflösen)

Funktionsbegriff

82 Entscheiden Sie, ob die nachstehend skizzierten Kurven die Graphen von Funktionen mit der Gleichung $y = f(x)$ sein können:

82.1
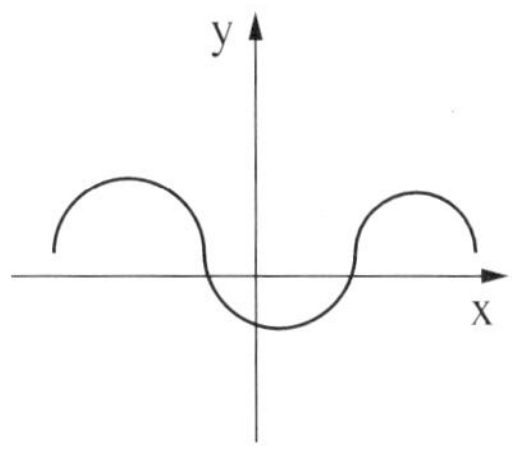

82.2
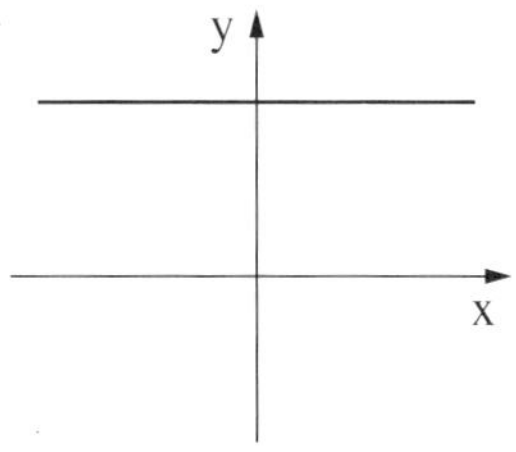

82.3
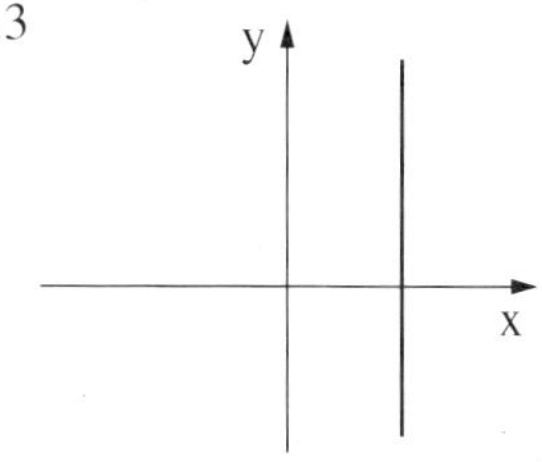

82.4
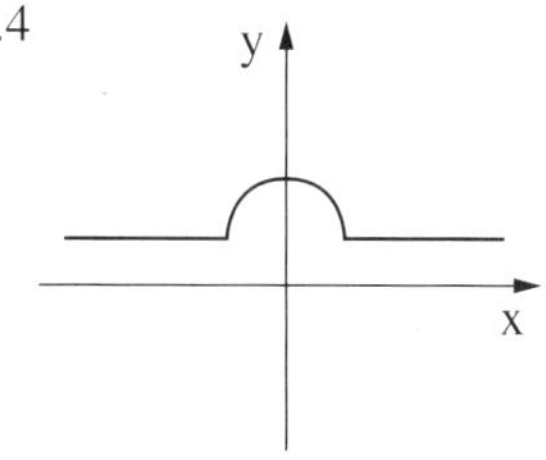

82.5
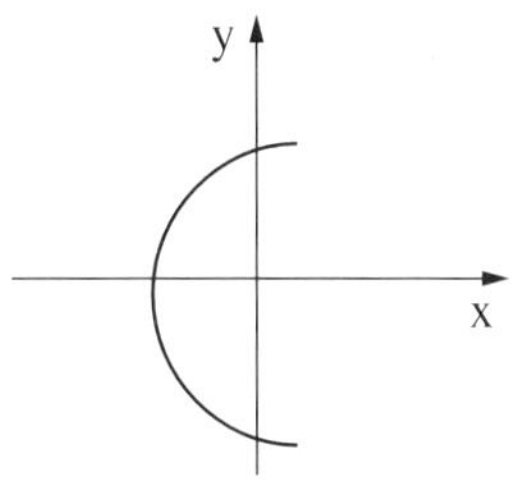

82.6
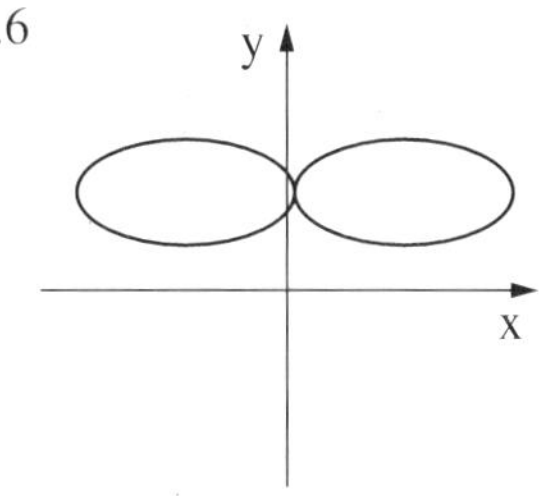

82.7
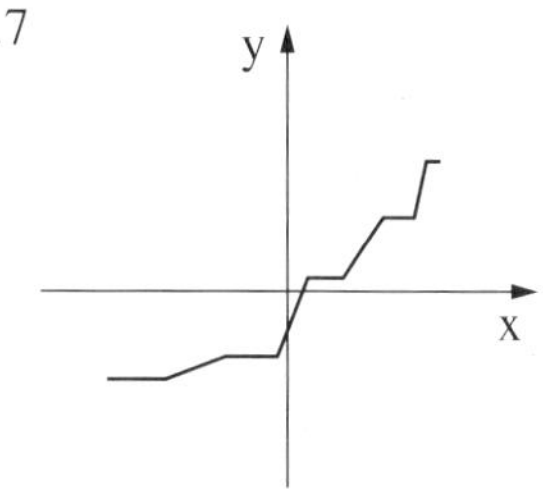

82.8
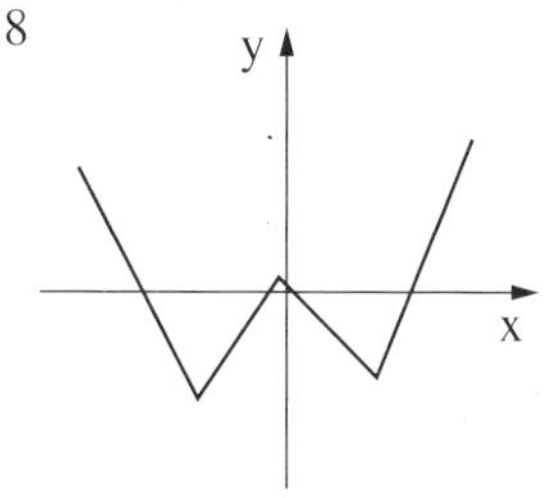

83 Beschreiben Sie – falls möglich – die nachfolgenden Zuordnungen durch eine Gleichung der Form y = … und entscheiden Sie, ob es sich bei den Zuordnungen um eine Funktion handelt:
Jeder Zahl $x \in D$

83.1 mit $D = \mathbb{R}$ werde ihr Doppeltes zugeordnet;
83.2 mit $D = \mathbb{R}$ werde die Hälfte ihres Quadrates zugeordnet;
83.3 mit $D = \mathbb{N}$ werde die Anzahl ihrer Teiler zugeordnet;
83.4 mit $D = \mathbb{N}$ werden ihre Teiler zugeordnet;
83.5 mit $D = \mathbb{Z}$ werde das Quadrat ihrer Gegenzahl zugeordnet;
83.6 mit $D = \mathbb{N}$ werde ihr Doppeltes, falls x ungerade, bzw. ihre Hälfte, falls x gerade, zugeordnet;
83.7 mit $D = \mathbb{N}$ werde die Zahl π zugeordnet;
83.8 mit $D = \mathbb{N}$ werde die Zahl 0, falls x durch 3 teilbar ist, bzw. die Zahl 1, wenn x durch 4 teilbar ist, zugeordnet;
83.9 mit $D = \mathbb{R}$ werde dem Zahlenbereich ($\mathbb{N}$; $\mathbb{Z}$; $\mathbb{Q}^+$; $\mathbb{Q}$; $\mathbb{R}$) zugeordnet, zu dem sie gehört.

84 Die Funktion f werde durch die Gleichung $y = f(x)$ beschrieben. Ergänzen Sie folgende Tabelle:

x \ $f_i(x)$	$f_1(x) = \frac{1}{2}x$	$f_2(x) = 3x + 2$	$f_3(x) = x^2$	$f_4(x) = \frac{1}{2}x^2 + 2x$	$f_5(x) = \sqrt{3x}$
2					
$\frac{1}{4}$					
0,4					
a					
2a					
a + 1					
2a –3					
a – b					
a^2					

Lineare Funktionen

85

85.1 Zeichnen Sie den Graphen der Funktion $f_1(x) = -3x + 2 \quad (x \in \mathbb{R})$ in das Koordinatensystem!

85.2 Berechnen Sie $f_1(1)$, $f_1(-1)$, $f_1(0{,}5)$, $f_1(1{,}5)$ und $f_1(2)$!

85.3 Für welche Werte von x wird $f_1(x) = 0$ (bzw. 1; 2; –1; –2)?

85.4 Geben Sie die Gleichung der linearen Funktion f_2 an, die den dargestellten Graphen besitzt!

85.5 Geben Sie die Gleichung der linearen Funktion f_3 an, deren Graphen durch die Punkte A und B verläuft!

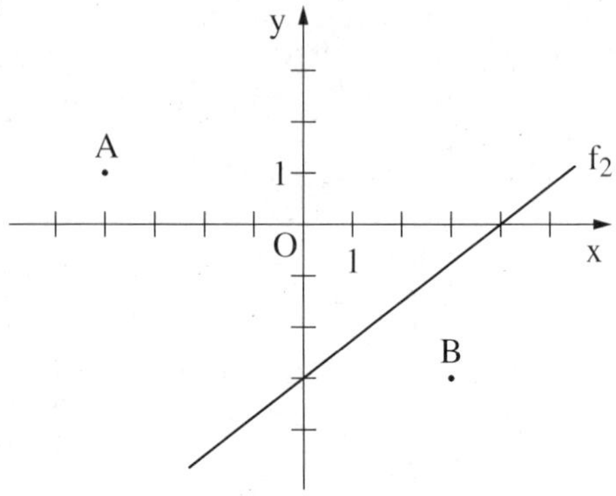

86 Zeichnen Sie die Graphen folgender Funktionen $f_i(D_n = \mathbb{R})$ in einem geeigneten Intervall:

86.1 $f_1(x) = 2x$ 86.2 $f_2(x) = 1{,}5x$ 86.3 $f_3(x) = 3x$ 86.4 $f_4(x) = -\frac{1}{4}x$

86.5 $f_5(x) = -\frac{3}{4}x$ 86.6 $f_6(x) = \frac{45}{60}x$ 86.7 $f_7(x) = -\frac{2}{5}x$ 86.8 $f_8(x) = 1{,}2x$

87 Zeichnen Sie die Graphen folgender Funktionen in ein Koordinatensystem. (Achten Sie auf den jeweiligen Definitionsbereich! Verwenden Sie unterschiedliche Farben).

87.1 $f_1(x) = \frac{1}{3}x;\ x \in \mathbb{Z}$ 87.2 $f_2(x) = \frac{1}{4}x;\ x \in \mathbb{N}$ 87.3 $f_3(x) = 2;\ x \in \mathbb{Z}$

87.4 $f_4(x) = y = -2;\ x \in \mathbb{N}$ 87.5 $f_5(x) = y = -\frac{1}{2}x + 3;\ x \in \mathbb{R}$ 87.6 $f_6(x) = \frac{1}{3}x - 4;\ x \in \mathbb{Q}^+$

88 Stellen Sie die folgenden Funktionen $(x \in \mathbb{R})$ in einem geeigneten Intervall grafisch dar:

88.1 $f_1(x) = 3x - 2$ 88.2 $f_2(x) = -2x + 2$ 88.3 $f_3(x) = -\frac{3}{5}x + 3$ 88.4 $f_4(x) = -\frac{5}{6}x - \frac{1}{2}$

88.5 $f_5(x) = -\frac{1}{2}x + 1$ 88.6 $f_6(x) = 0{,}1x - 1$ 88.7 $f_7(x) = \frac{3}{4}x - 2$ 88.8 $f_8(x) = 1{,}5x - 0{,}75$

89 Geben Sie jeweils die Gleichung der linearen Funktion $y = f_i(x) = mx + n_i$ an, deren Graph eine Gerade mit dem Anstieg $m = -\frac{1}{4}$ ist und durch P_i verläuft:

89.1 $P_1(0;\ 2)$ 89.2 $P_2(3;\ 0)$ 89.3 $P_3(0;\ -4)$ 89.4 $P_4(-1;\ 3)$ 89.5 $P_5(2;\ 4)$ 89.6 $P_6(1;\ 1)$

90 Geben Sie jeweils die Gleichung der Funktion f_i an, deren Graph parallel zur Geraden $g: y = 2x - 2$ verläuft und den Punkt R_i enthält:

90.1 $R_1(0;\ 3)$ 90.2 $R_2(3;\ 7)$ 90.3 $R_3(0;\ -2)$ 90.4 $R_4(1;\ 4)$ 90.5 $R_5(1{,}5;\ 2{,}7)$ 90.6 $R_6(-0{,}25;\ 0)$

91 Eine Gerade hat den Anstieg $m = \frac{1}{4}$ und verläuft durch die Punkte:

91.1 $A(1;\ 2)$ 91.2 $B(-1;\ -1)$ 91.3 $C(\frac{1}{2};\ \frac{1}{2})$

Zeichnen Sie die Geraden und geben Sie deren Gleichungen an!

92 Zeichnen Sie den Graphen der Funktion $f(x) = \frac{3}{4}x - 1$ und spiegeln Sie diesen an der x-Achse, der y-Achse sowie an den Achsenabschnittpunkten P_x und P_y! Geben Sie die Funktionsgleichungen der entstehenden Funktionsgraphen an!

93 Ermitteln Sie die Nullstellen der folgenden Funktionen f_i:

93.1 $f_1(x) = \frac{1}{2}x + 4$ 93.2 $f_2(x) = x - 3$ 93.3 $f_3(x) = 3x + 4$ 93.4 $f_4(x) = -3x + 9$

93.5 $f_5(x) = 6$ 93.6 $f_6(x) = -2x - 3$ 93.7 $f_7(x) = -\frac{1}{4}x + \frac{3}{4}$ 93.8 $f_8(x) = |x| - 3$

94 Gegeben ist eine lineare Funktion f mit $f(x) = -\frac{3}{4}x + 1$. Ihr Graph sei die Gerade g.

94.1 Zeichnen Sie den Graphen für $-5 \leq x \leq 5$ in ein Koordinatensystem!

94.2 Bestimmen Sie die Koordinaten der Schnittpunkte von g mit den Koordinatenachsen!

94.3 Berechnen Sie den Anstiegswinkel α des Funktionsgraphen und tragen Sie ihn in die Zeichnung ein!

94.4 Berechnen Sie die fehlenden Koordinaten der auf g liegenden Punkte $R(1;\, y_R)$, $S(x_S;\, 2)$ und $T(x_T;\, 0)$!

95 Geben Sie die Gleichungen für die folgenden Geraden an:

95.1

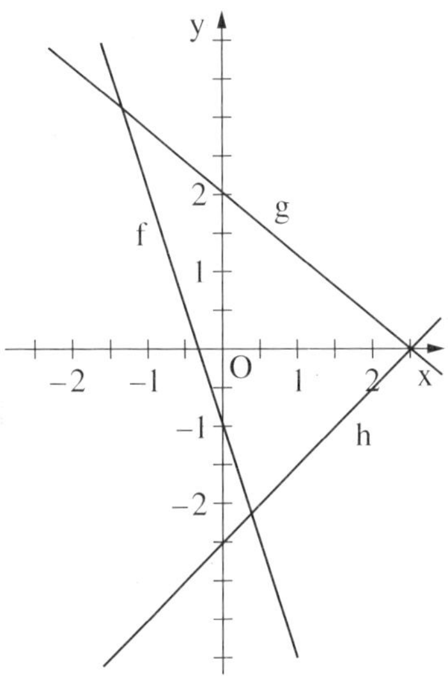

95.2

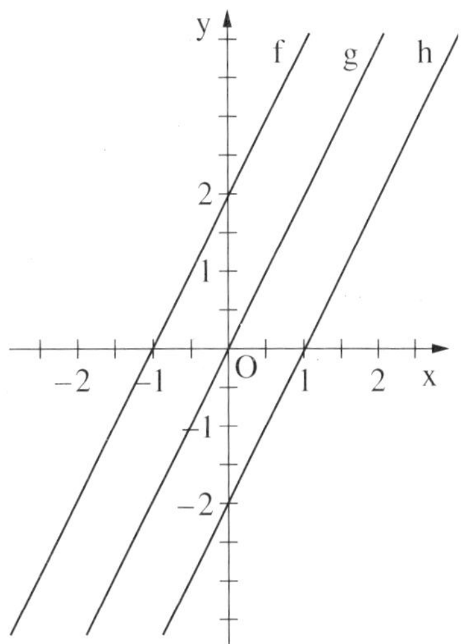

95.3

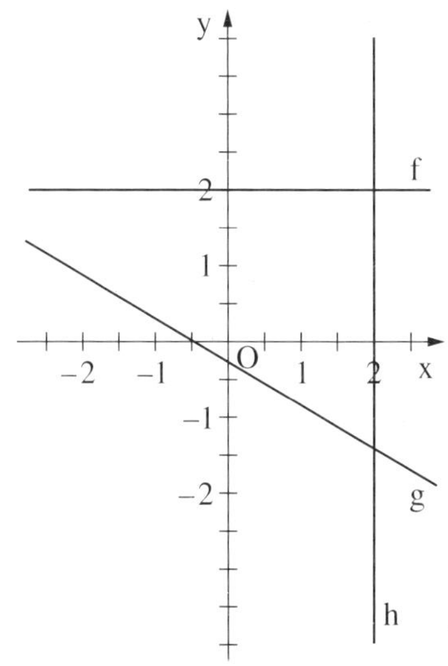

95.4

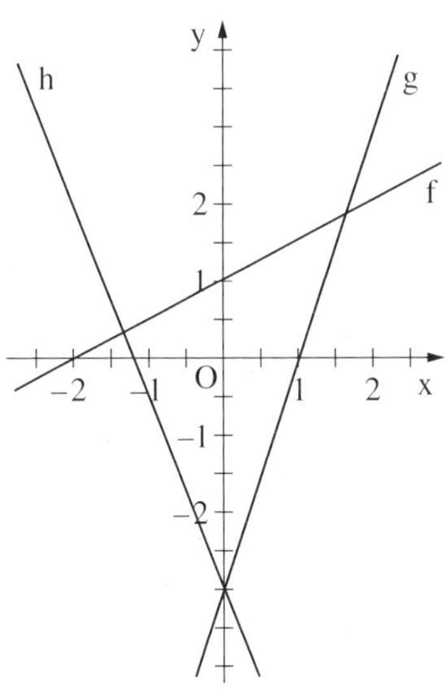

95.5

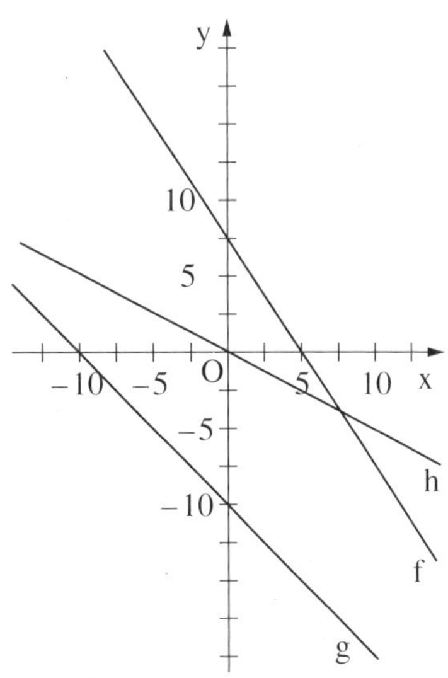

95.6

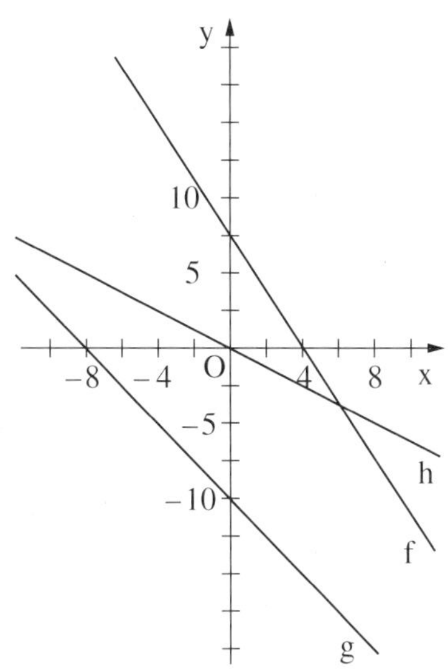

96 Gegeben ist die Funktion f mit $f(x) = \frac{9}{5}x - 2{,}5$.

96.1 Zeichnen Sie den Graph für $x \in [-3;\, 3]$!

96.2 Ermitteln Sie rechnerisch die Nullstelle x_N von f!

96.3 Der Graph von f schneidet die Ordinatenachse im Punkt P_y und die Abzissenachse im Punkt P_x. Geben Sie die Koordinaten beider Punkte an!

96.4 Eine Gerade g schneide die Ordinatenachse im Punkt Q(0; 1) und liege parallel zum Graphen von f. Zeichnen Sie g mit in das Koordinatensystem.

96.5 Die Gerade g sei Graph der Funktion y = g(x). Geben Sie eine Gleichung für diese Funktion an!

97 Der Graph der linearen Funktionen f_i verlaufe durch die zwei Punkte P_i und Q_i. Geben Sie die Funktionsgleichungen von f_i an:

97.1 $P_1(0; 1); Q_1(2; 2)$ 97.2 $P_2(1; 0); Q_2(0; -3)$ 97.3 $P_3(-2; -2); Q_3(0; -3)$

97.4 $P_4(-1; 2); Q_4(-4; 1)$ 97.5 $P_5(1{,}5; -1); Q_5(0{,}5; -2)$ 97.6 $P_6(1; 1); Q_6(33; 33)$

97.7 $P_7(3; 4); Q_7(-7; 4)$ 97.8 $P_8(-2; -2); Q_8(1; 4)$ 97.9 $P_9(-0{,}5; 1); Q_9(-2{,}5; -3)$

98 Ermitteln Sie, ob die Graphen der folgenden linearen Funktionen f_i und g_i einander schneiden bzw. zueinander parallel verlaufen:

98.1 $f_1(x) = 3x + 4$, $g_1(x) = -5x + 4$

98.2 $f_2(x) = -2x - 3$, $g_2(x) = -2x + 3$

98.3 $f_3(x) = -0{,}5x + 3$, $g_3(x) = -\frac{1}{2}x - 2$

98.4 $f_4(x) = \frac{1}{2}\sqrt{3}\,x + 3$, $g_4(x) = \sqrt{3}\,x + 3$

Quadratische Funktionen

99 Gegeben ist die quadratische Funktion $f(x) = -2x^2 + 12x - 16$.

99.1 Beschreiben Sie qualitativ die Art des Graphen von f bezüglich der Normalparabel $y = x^2$!

99.2 Berechnen Sie die Nullstellen von f!

99.3 Stellen Sie die Funktionsgleichung in Scheitelpunktsform $f(x) = a\,(x + d)^2 + e$ um und bestimmen sie die Koordinaten des Scheitelpunktes $S(-d; e)$!

99.4 Zeichnen Sie den Graphen von f für $x \in [1; 5]$!

99.5 Bestimmen Sie die Koordinaten des Schnittpunktes des Graphen mit der y-Achse!

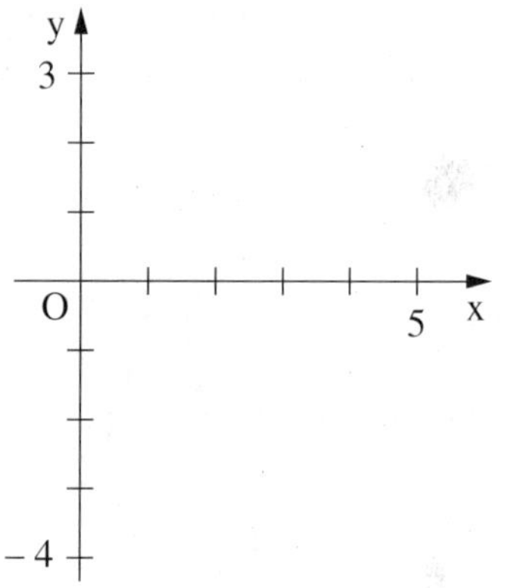

100 Geben Sie für folgende quadratische Funktionen die Koordinaten der Scheitelpunkte ihrer Graphen und die Funktionsgleichung in der Form $f(x) = x^2 + bx + c$ an! Zeichnen Sie die Graphen mindestens im angegebenen Intervall mit der Parabelschablone!

100.1 $f(x) = (x + 2)^2 - 1;\quad -5 \le x \le 1$ 100.2 $g(x) = (x + 3)^2 - 2;\quad -6 \le x \le 0$

100.3 $h(x) = (x - 1)^2 + 0{,}5;\quad -3 \le x \le 3$ 100.4 $k(x) = (x - 2)^2 - 3;\quad -1 \le x \le 5$

100.5 $p(x) = (x - 1)^2 - 3;\quad x \in [-3; 4]$ 100.6 $s(x) = (x - 3)^2 - 1;\quad x \in [0; 6]$

101 Füllen Sie die folgende Tabelle aus:

$f_i(x)$ \ x	0	−1	−2	1	2
$f_1(x) = 4x^2 - 3$					
$f_2(x) = 2x^2 + x - 1$					
$f_3(x) = (x + 3)^2 - 2$					
$f_4(x) = (x - 2)^2$					
$f_5(x) = -2x^2 - x + 3$					
$f_6(x) = \frac{1}{2}x^2 - \frac{1}{2}x + \frac{1}{2}$					

102 Der Graph der folgenden Funktionen ist eine Normalparabel mit dem Scheitelpunkt S_i:

Scheitelpunkt	Gleichung in Scheitelpunktform	Gleichung in der Normalform
$S_1(3; 4)$		
		$f_2(x) = x^2 - 4x + 4$
	$f_3(x) = x^2 + 4$	
		$f_4(x) = x^2 - 2x + 2$
	$f_5(x) = (x - 4)^2 + 5$	
$S_6(-3; 4)$		
$S_7(-1; -2)$		
$S_8(-7; 8)$		
	$f_9(x) = (x + 1{,}5)^2$	
$S_{10}(0; 0)$		
$S_{11}(0; -8)$		
$S_{12}(-3; 0)$		

103 Gegeben ist der Scheitelpunkt S_i und der Streckungsfaktor a_i des Graphen der quadratischen Funktion. Geben Sie die Gleichung der quadratischen Funktion in der allgemeinen Form $f(x) = ax^2 + bx + c$ an!

103.1 $S_1(-1; 2)$; $a_1 = 1$ 103.2 $S_2(-1; 3)$; $a_2 = 2$ 103.3 $S_3(1; 1)$; $a_3 = -1$

103.4 $S_4(0; 0)$; $a_4 = 1$ 103.5 $S_5(-4; 5)$; $a_5 = (-3)$ 103.6 $S_6(-3; 2{,}4)$; $a_6 = 0{,}2$

104 Ermitteln Sie die Koordinaten des Scheitelpunktes der Graphen der jeweiligen Funktion! Geben Sie jeweils die Symmetrieachse der Parabel an:

104.1 $f_1(x) = x^2 - 6 + 8$ 104.2 $f_2(x) = x^2 + 3x + \frac{9}{4}$ 104.3 $f_3(x) = 1{,}5x^2 + 6x + 3$

104.4 $f_4(x) = 0{,}5x^2 - 2x + 3$ 104.5 $f_5(x) = -x^2 - 4x - 2{,}5$ 104.6 $f_6(x) = -3x^2 + 6$

105 Geben Sie jeweils die Gleichung der dargestellten quadratischen Funktionen an:

105.1 $f_1(x) =$

105.2 $f_2(x) =$

105.3 $f_3(x) =$

105.4 $f_4(x) =$

105.5 $f_5(x) =$

105.6 $f_6(x) =$

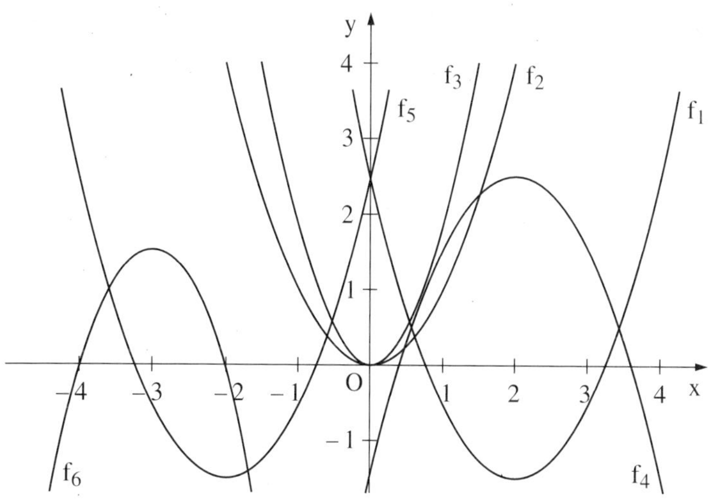

106 Vergleichen Sie die Graphen der folgenden Funktionen mit der Normalparabel $y = x^2$:

106.1 $f_1(x) = -x^2$
106.2 $f_2(x) = -x^2 + 2$
106.3 $f_3(x) = -x^2 - 2$
106.4 $f_4(x) = \frac{1}{2}x^2 - 3$
106.5 $f_5(x) = 4x^2 + 6x$
106.6 $f_6(x) = -3x^2 + 2x$
106.7 $f_7(x) = 2x^2 + 4x + 2$
106.8 $f_8(x) = -x^2 + 2x - 1$
106.9 $f_9(x) = \frac{1}{4}(x^2 - 2)$

107 Untersuchen Sie unter Verwendung Ihrer Kenntnisse über den Kurvenverlauf oder auf grafischem Wege näherungsweise, ob die Graphen der folgenden Funktionen f_i und g_k gemeinsame Punkte besitzen. Bestimmen Sie aus der Darstellung näherungsweise deren Koordinaten und überprüfen Sie diese rechnerisch:

g_i \ f_i	$f_1(x) = x^2$	$f_2(x) = 2x - 1$	$f_3(x) = -x + 2$
$g_1(x) = -x^2$			
$g_2(x) = -x^2 + 2$			
$g_3(x) = \frac{1}{2}x^2 - 1$			

108 Ergänzen Sie die Tabelle und zeichnen Sie den Graphen von $f(x) = -0{,}25x^2 + 0{,}9x + 1$!
Runden Sie auf zwei Nachkommastellen!

x	−1	0	1	2	3	4	1,5	2,5	−2	5
f(x)										

109 Von quadratischen Funktionen f_i mit $f_i(x) = x^2 + p_ix + q_i$ ist jeweils die Symmetrieachse des Graphen und die Ordinate des Scheitelpunktes y_{Si} bekannt.
Geben Sie jeweils die Anzahl der Nullstellen der Funktion f_i an und ermitteln Sie deren Gleichung:

109.1 Symmetrieachse ist die y-Achse; $y_{S1} = 3$

109.2 Symmetrieachse ist die Gerade x = 1; $y_{S2} = -2$

109.3 Symmetrieachse verläuft parallel zur Ordinatenachse durch P (3; 7); $y_{S3} = 0$

109.4 Symmetrieachse ist die y-Achse; $y_{S4} = -1$

109.5 Symmetrieachse ist die x-Achse; $y_{S5} = -3$

110 Berechnen Sie die Nullstellen der folgenden quadratischen Funktionen (vgl. auch Abschnitt „Quadratische Gleichungen"):

110.1 $f_1(x) = x^2 + x - 12$
110.2 $f_2(x) = x^2 - 5x - 14$

110.3 $f_3(x) = 2x^2 + 14x + 24$
110.4 $f_4(x) = x^2 + 2x + 4$

110.5 $f_5(x) = x^2 - 9$
110.6 $f_6(x) = x^2 - 2x + 3$

110.7 $f_7(x) = 3x^2 - 4x + 5$
110.8 $f_8(x) = 4x^2 + 32x - 8$

110.9 $f_9(x) = 0{,}2x^2 + 0{,}4x - 1{,}05$
110.10 $f_{10}(x) = -2x^2 + 2x + 4$

Exponential- und Logarithmusfunktion

111 Gegeben ist die Funktion $f(x) = 2^x$; $x \in \mathbb{R}$.

111.1 Berechnen Sie die Funktionswerte für $x = -2$ (-1; $-0{,}5$; 0; 0,5; 1; 2; 2,3) und zeichnen Sie den Graphen von f in ein Koordinatensystem!

111.2 Zeichnen Sie in das gleiche Koordinatensystem die Gerade $y = x$! Spiegeln Sie die unter 1. errechneten Punkte des Graphen von f an dieser Geraden! Zeichnen Sie mittels der so erhaltenen Punkte $P_S(x_S; y_S)$ das Spiegelbild von f!

111.3 Geben Sie die Funktionsgleichung $y = g(x)$ für den entstehenden Graphen an!

112 Skizzieren Sie die folgenden Graphen jeweils in ein Koordinatensystem. Fertigen Sie evtl. eine Wertetabelle für f an:

112.1 $f_1(x) = 3^x$ $g_1(x) = \log_3 x$ 112.2 $f_2(x) = \frac{1}{2}^x$ $g_2(x) = \log_{\frac{1}{2}} x$

112.3 $f_3(x) = 1{,}5^x$ $g_3(x) = \log_{1{,}5} x$ 112.4 $f_4(x) = 10^x$ $g_1(x) = \log_{10} x = \lg x$

113 Der Graph einer Exponentialfunktion $f_i(x) = y = a_i^{\,x}$ geht durch den Punkt P_i. Um welche Funktion f_i handelt es sich in den einzelnen Fällen?

113.1 $P_1(1; 2)$ 113.2 $P_2(-1; \frac{1}{3})$ 113.3 $P_3(2; 4)$ 113.4 $P_4(-1; 4)$ 113.5 $P_5(1; 4)$

113.6 $P_6(0; 1)$ 113.7 $P_7(1; -5)$ 113.8 $P_8(2; 100)$ 113.9 $P_9(3; 5)$ 113.10 $P_{10}(-1; -\frac{1}{3})$

114 Wie ändert sich der Funktionswert $f(x_0)$ einer Exponentialfunktion $f(x) = a^x$, wenn man x_0

114.1 verdoppelt 114.2 um 1 vergrößert 114.3 halbiert 114.4 mit 4 multipliziert?

115 Die Funktion $f(x) = a^x$ nimmt für $x = 2$ den Funktionswert 3 an. Füllen sie die Tabelle aus, ohne a zu berechnen!

x	2	4	1	−2	−1	8	16
f(x)	3						

116 Berechnen Sie jeweils mit dem Taschenrechner! (Verwenden Sie auch die Beziehung $\log_a b = \frac{\lg b}{\lg a}$.)

116.1 $3^{3,5} =$ 116.2 $4^{\frac{1}{4}} =$ 116.3 $2{,}5^{-3} =$ 116.4 $0{,}2^{-\pi} =$

116.5 $3{,}5^{2,1} =$ 116.6 $\log_2 3 =$ 116.7 $\log_3 4 =$ 116.8 $\log_4 3 =$

116.9 $\log_2(-3) =$ 116.10 $(\log_3 5)^2 =$ 116.11 $\log_3 5^2 =$ 116.12 $2^x = 7$; $x =$

116.13 $3^x = 5$; $x =$ 116.14 $x^4 = 16$; $x =$ 116.15 $\log_3 x = 7$; $x =$ 116.16 $3^{0,5x} = 6$

117 Bestimmen Sie zur Funktion f_i die Umkehrfunktion g_i und zeichnen Sie beide in ein Koordinatensystem:

117.1 $f_1(x) = 3 \lg x$ 117.2 $f_2(x) = \log_2 x$ 117.3 $f_3(x) = 2 \log_3 x$

117.4 $f_4(x) = \lg(x-1)$ 117.5 $f_5(x) = 2^x - 1$ 117.6 $f_6(x) = (\frac{1}{2})^{x+1}$

118 Ermitteln Sie, welche der folgenden Funktionen f_i kongruente Graphen G_i besitzen! Geben Sie die Bewegung an!

$f_1(x) = 2^x$ $f_2(x) = 3^x$ $f_3(x) = (\frac{1}{3})^x$ $f_4(x) = \lg x$ $f_5(x) = 2 \cdot 2^x$

$f_6(x) = 0{,}3^x$ $f_7(x) = \log_2 x$ $f_8(x) = -2^x$ $f_9(x) = 2^{-x}$

119 Bestimmen Sie die Funktionsgleichungen aus den dargestellten Graphen von Exponentialfunktionen:

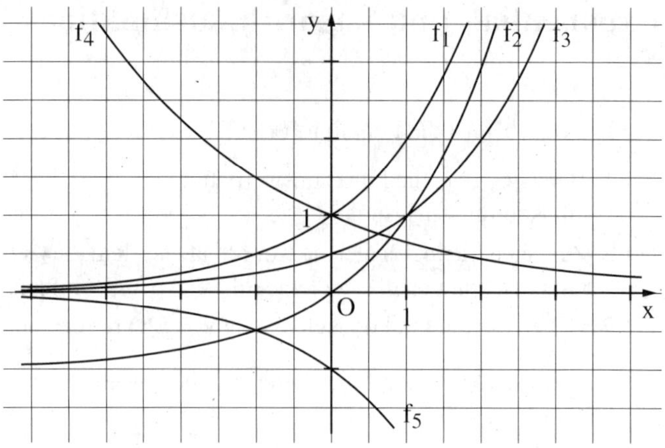

Winkelfunktionen

120 Vervollständigen Sie die folgende Tabelle:

Winkel α in Gradmaß	0°	30°	60°		135°		210°	270°		360°	
Winkel α im Bogenmaß (arc α)				$\frac{\pi}{2}$		$\frac{5}{6}\pi$			$\frac{11}{6}\pi$		

Winkel α in Gradmaß		720°	−360°		25°				10°	1°	−120°
Winkel α im Bogenmaß (arc α)	π			1		2	3	6			

121 Äquivalente Winkel haben eine Differenz, die ein ganzzahliges Vielfaches von 360° bzw. 2π ist. Geben Sie den zu α_i äquivalenten Winkel β_i im Bereich $0° \leq \beta_i \leq 360°$ (bzw. $0 \leq \beta_i \leq 2\pi$) an:

121.1 $\alpha_1 = 2\,652°$ 121.2 $\alpha_2 = 1\,572°$ 121.3 $\alpha_3 = -3\,280°$

121.4 $\alpha_4 = 476°$ 121.5 $\alpha_5 = 2\,730°$ 121.6 $\alpha_6 = 578°$

122 Ergänzen Sie folgende Tabelle:

	30°	−45°	120°	−120°	240°	−300°	405°
sin x							
cos x							
tan x							

123 Ergänzen Sie die nachstehende Tabelle:

f(x) \ x	2			
sin x für $x \in [0; 2\pi[$		0,34		
cos x für $x \in [0; 2\pi[$			0,5	
tan x für $x \in [0; \pi[$ und $x \neq \frac{\pi}{2}$				5

124 Bestimmen Sie aus dem Intervall
a) $[0;\, 2\pi[$; b) $x \in \mathbb{R}$ die Lösungen folgender Gleichungen (ohne ETR):

124.1 $\sin x = -1$	124.2 $\cos x = \frac{1}{2}$	124.3 $\sin x = \frac{1}{2}\sqrt{3}$	124.4 $\cos x = -\frac{1}{2}\sqrt{3}$
124.5 $\cos x = \frac{1}{2}\sqrt{2}$	124.6 $\cos x = 1$	124.7 $\sin x = 0$	124.8 $\sin x = 1{,}5$
124.9 $\cos x = 0$	124.10 $\sin x = -\frac{1}{2}$	124.11 $\sin x = -\frac{1}{2}\sqrt{3}$	124.12 $\cos x = -\frac{1}{2}\sqrt{2}$

125 Skizzieren Sie (veschiedenfarbig) die Graphen der Funktion f_i für $0 \leq x \leq 2\pi$ in ein und dasselbe Koordinatensystem:

125.1 $f_1(x) = \sin x$	125.2 $f_2(x) = 2\sin x$	125.3 $f_3(x) = \sin(2x)$	125.4 $f_4(x) = \sin(x+2)$

126 Die Abbildungen zeigen die Graphen von Funktionen f_i mit $f_i(x) = a_i \sin b_i x$. Geben Sie jeweils a_i und b_i an!

126.1
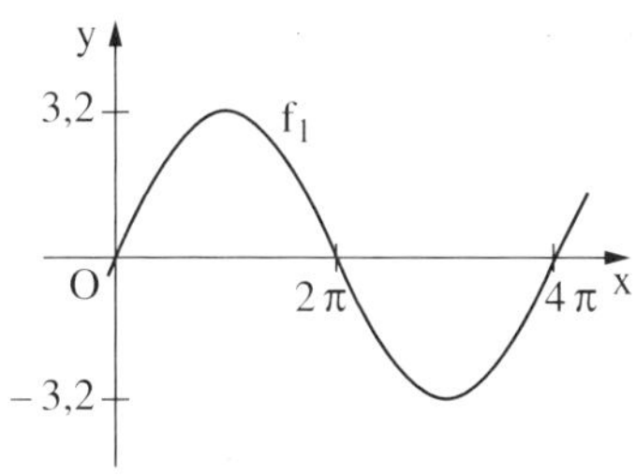

126.2
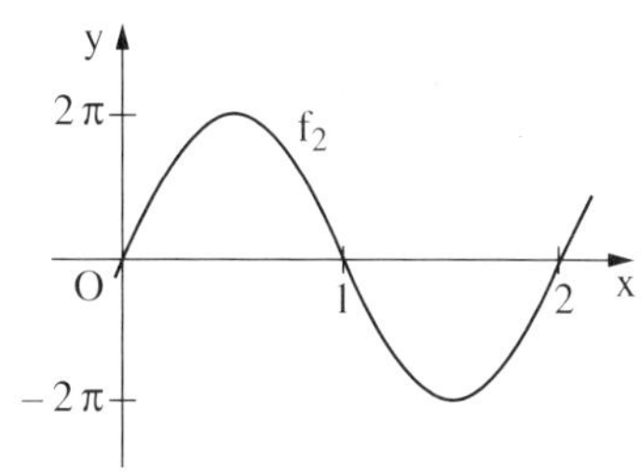

126.3
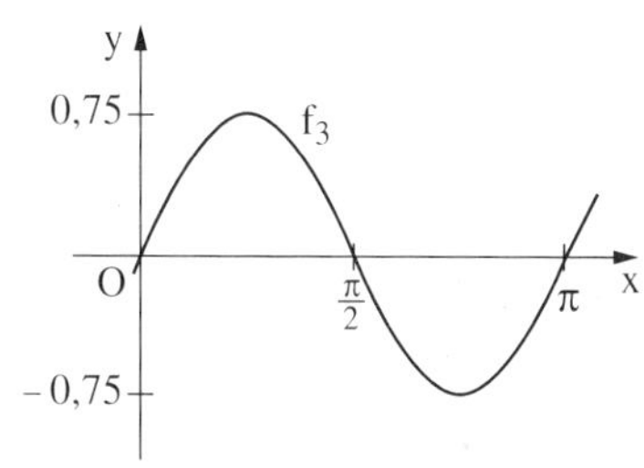

126.4
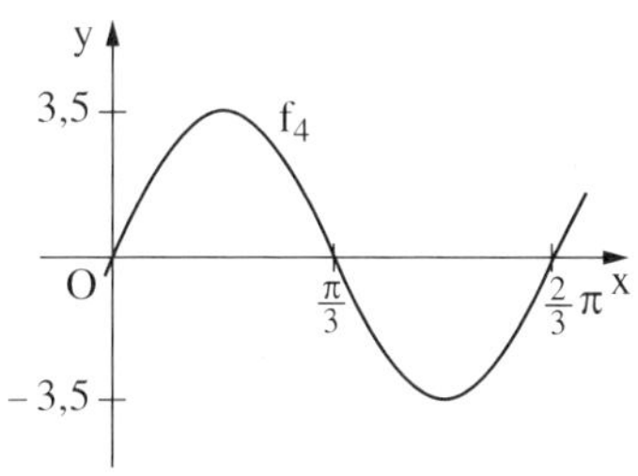

126.5
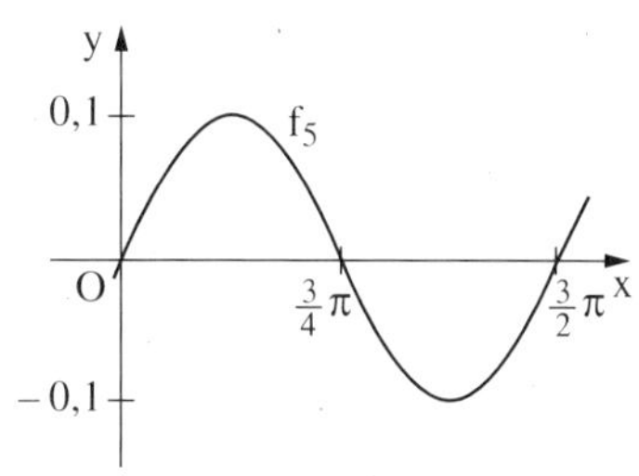

126.6
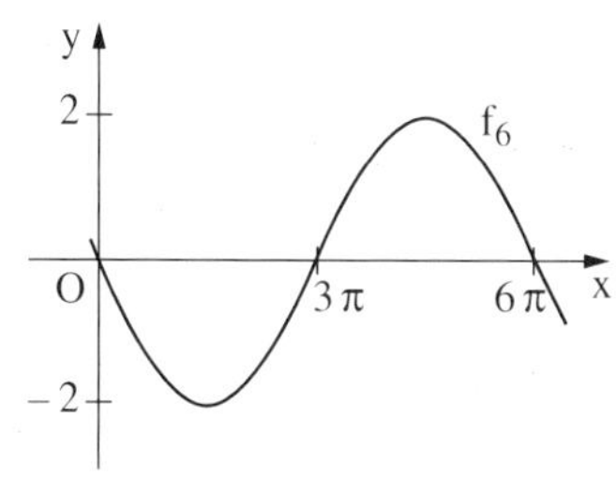

127 Berechnen Sie $x \in [0;\, 2\pi[$:

127.1 $\sin x + \cos x \cdot \tan x = 1$	127.2 $\sin x = \cos x$	127.3 $4\sin^2 x - 4\sin x + 1 = 0$
127.4 $2\tan^2 x - 1{,}28 = 0$	127.5 $6\tan x - 3 = 2\tan x$	127.6 $\cos 3x = -\frac{3}{2}$
127.7 $\tan 3x = \sqrt{3}$	127.8 $\cos \frac{1}{4}x = \frac{1}{2}\sqrt{2}$	127.9 $2\cos 3x + 1 = 0$

128 Vervollständigen Sie unter Bezug auf die angegebenen Dreiecke die folgende Tabelle:

Dreieck 128.1
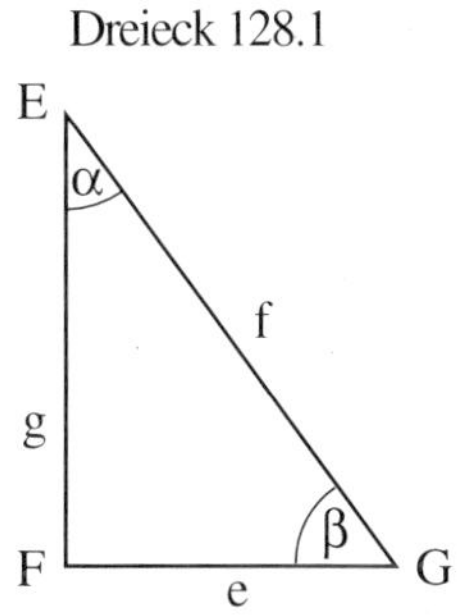

Dreieck 128.2
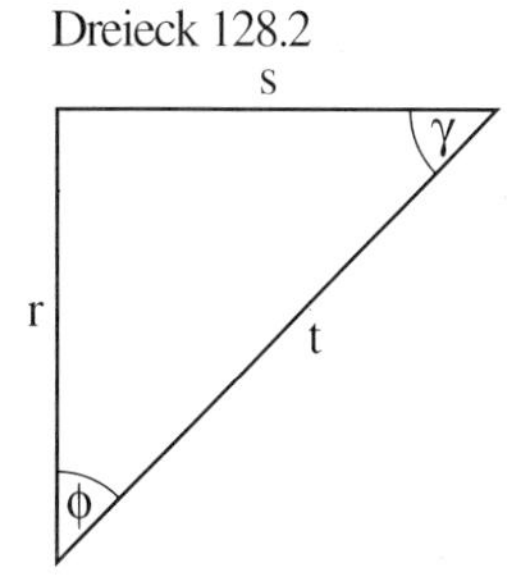

Dreieck 128.3
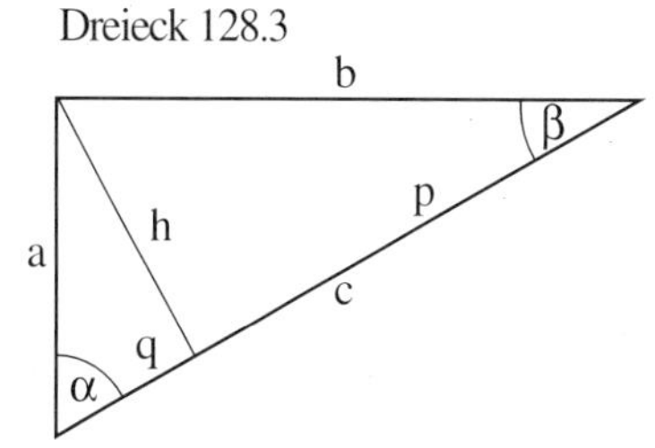

Dreieck 128.4
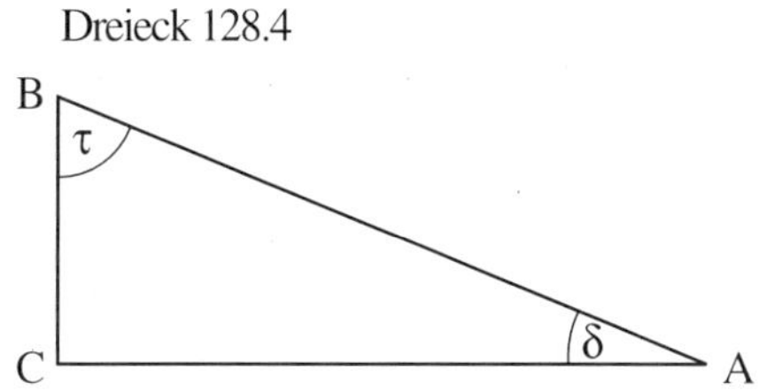

Dreieck 128.5
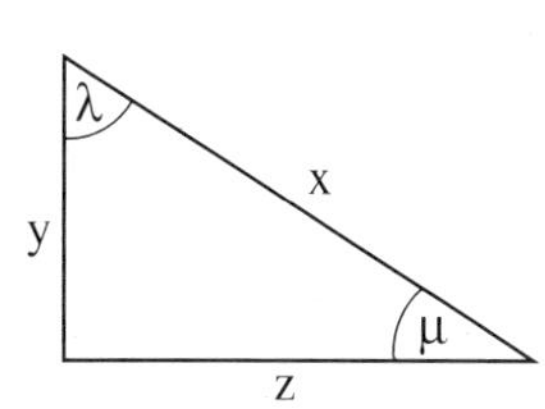

Dreieck 128.6
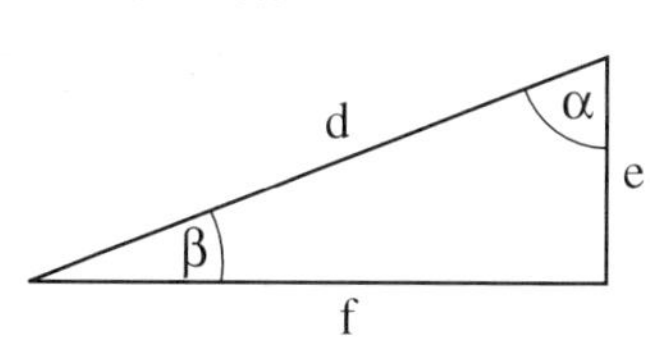

128.1	sin	cos	tan	
α	$\sin \alpha = \frac{e}{f}$			Hypotenuse: $\overline{EG} = f$
β				Satz des Pythagoras:

128.2	sin	cos	tan	
γ				Hypotenuse:
ϕ				Satz des Pythagoras:

128.3	sin	cos	tan	Kathetensatz
α				Höhe h =
β				Satz des Pythagoras: • $a^2 = h^2 + q^2$ • •

128.4	sin	cos	tan	
τ				Hypotenuse:
δ				Satz des Pythagoras:

128.5	sin	cos	tan	
λ				Hypotenuse:
μ				Satz des Pythagoras:

128.6	sin	cos	tan	
α				Hypotenuse:
β				Satz des Pythagoras:

129 Geben sie für das nachfolgende schiefwinklige Dreieck jeweils eine Formel (eine Folge von Formeln) zur Berechnung der nicht gegebenen Stücke an!

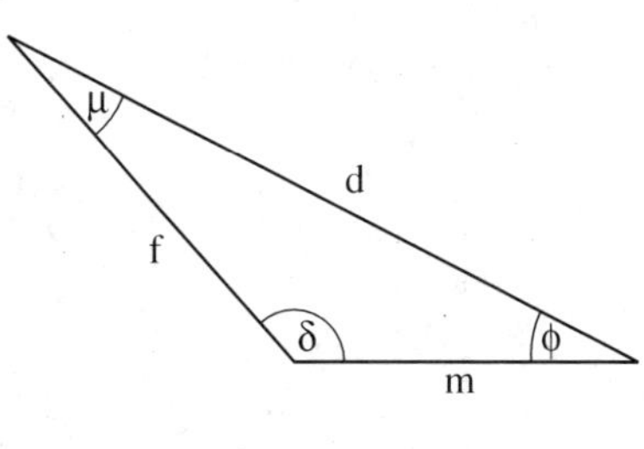

129.1 Geg.: ϕ, μ d

129.2 geg.: ϕ, f, m

129.3 geg.: ϕ, d, m

129.4 geg.: m, d, f

Gleichungen / Ungleichungen / Gleichungssysteme

130 Bestimmen Sie aus den folgenden Gleichungen jeweils x und machen Sie die Probe! (Die auftretenden Nenner mit Variablen seien stets $\neq 0$.)

130.1 $6x - (11 - 5x) = -2 \cdot (3x - 37)$

130.2 $3x - 2b + 5 = 7a$

130.3 $4ax - 2c = 5$

130.4 $5x - 2bx = 10 - 4b$

130.5 $2ax + 3bx = 5 - 2c + x$

131 Bestimmen Sie aus den folgenden Gleichungen den Wert der jeweiligen Variablen:

131.1 $20x - 36 = 4 + 12x$

131.2 $576 - 6x = 8x + 72$

131.3 $4{,}5x - 1{,}5 = 0{,}75x + 6$

131.4 $\frac{10}{3}x + 14 = \frac{23}{4}x - 15$

131.5 $10x - 10 = 1 - 6x$

131.6 $100 - 15z = 15z + 10$

131.7 $24n - 35 = 14n$

131.8 $7r - 8 = 8r - 10$

131.9 $34s - 70 = -16s + 180$

131.10 $5t + 24 = 78 - 4t$

131.11 $5y - 1000 = -3y$

131.12 $120 + 5x = 85 + 15x$

131.13 $7x - \frac{3}{4} - 6x = x - 0{,}75$

131.14 $\frac{1}{4}x + 1 = \frac{1}{5}x + 2$

131.15 $4x - 3 + 2x = 33 + 2x$

131.16 $8s + 7 = -4s - 29$

131.17 $4 - 9r - 15 = -11r + 29 + 4r$

131.18 $12{,}6c + 4{,}9 - 7{,}2c = -24{,}6c + 4{,}1$

131.19 $3 - 2m + \frac{1}{3} = 1 - \frac{4}{5}m - \frac{1}{15}$

131.20 $o = \frac{t}{3} - t - 12$

131.21 $4 - 3x + 2x = 7 + 3x - 2$

131.22 $11 - 3(x + 7) + 7(x - 3) = 2(x + 3) - 3(x - 3(4 - x))$

132 Ermitteln Sie jeweils x:

132.1 $2a + 3t - 4x + 3 = 5a - t + x$

132.2 $5t - 3x + 2r = 3x + 5t - 3$

132.3 $3s - 4a + 5x - 3 = 5x - 4a + 3s + 6$

132.4 $3x - 4y + 3z + 3 = 5x - 7y + 3z - 4$

133 Ermitteln Sie jeweils x:

133.1 $5bx + 3c - 3 = 4 + 7c$

133.2 $5 - 4b + bx = 10 + 8b - 3bx$

133.3 $2rx - 5c = 6 + 8c - rx$

133.4 $6 - 3a + 4ax = -5 - 2a + 3ax$

134 Ermitteln Sie jeweils x:

134.1 $3x + 5bx + 10b = 5x - 3b$

134.2 $4b - 2rx + 3x = 15 - 10r + 4b$

134.3 $2s - 5 = sx - 2{,}5x$

134.4 $3x - 6dx + 12 = 9x + 3dx + 15$

135 Ermitteln Sie jeweils x:

135.1 $3rx + 6sx = 4 - 7t + x$

135.2 $5ax - 3sx = 10a - 6s$

135.3 $7sx + 5rx - 4 = 3bx - 2$

135.4 $1{,}3ax + 2{,}6bx - 13x = 39x + 13$

136 Bestimmen Sie die Lösungsmenge der nachfolgenden Bruchgleichungen in ℝ:

136.1 $\frac{8}{5x} - \frac{14}{10x} = \frac{1}{5}$

136.2 $\frac{3}{x+4} = \frac{1}{x}$

136.3 $\frac{4}{x-2} = \frac{2x}{x-2}$

136.4 $\frac{x}{x-1} + \frac{2}{x-2} = \frac{1}{x-1} + \frac{x}{x-2}$

137 Ermitteln Sie die Lösung folgender Bruchgleichungen in ℝ:

137.1 $\frac{4}{y} + \frac{2}{y} = 6$

137.2 $\frac{5}{3x} + \frac{7}{4x} = \frac{41}{60}$

137.3 $3 - \frac{3}{2x} = \frac{5}{6} + \frac{2}{3x}$

137.4 $\frac{2}{3z} - \frac{5}{6} + \frac{1}{z} = 0$

137.5 $\frac{1}{4s} = 5 - \frac{1}{6s}$

137.6 $\frac{5}{12x+1} = \frac{9}{24x-3}$

137.7 $\frac{x}{x-6} = \frac{x-8}{x-11}$

137.8 $\frac{5}{x} = \frac{2}{3}$

137.9 $\frac{6}{x} = \frac{3}{5}$

137.10 $\frac{3x-9}{x+1} + \frac{2x-4}{x-5} = 5$

137.11 $\frac{15}{r-5} - \frac{10}{r-3} = \frac{12}{(r-5)(r-3)}$

137.12 $\frac{e}{e+3} + \frac{1}{e+3} = 1$

137.13 $\frac{f+1}{f-1} - \frac{7}{f-1} = 1$

137.14 $\frac{2}{g} = \frac{1}{g-1}$

137.15 $\frac{h}{h-7} = \frac{h+5}{h-3}$

137.16 $\frac{3k^2-2k+1}{4k+2} = \frac{3k}{4}$

137.17 $\frac{3}{m+1} + \frac{m+1}{m-1} = \frac{m^2-5}{m^2-1}$

137.18 $\frac{1}{2-x} + \frac{1}{x+3} = \frac{5}{(2-x)(x+3)}$

138 Bei den folgenden Aufgaben sei x die Lösungsvariable. Bestimmen Sie die Lösungsmenge der Gleichungen! Achten Sie auf notwendige Falluntersuchungen beim Lösungsweg:

138.1 $\frac{a}{x} + \frac{b}{x} = c \quad (x \neq 0)$

(1) für $c \neq 0 \;\wedge\; a = -b$:

(2) für $c \neq 0 \;\wedge\; a \neq -b$:

(3) für $c = 0 \;\wedge\; a = -b$:

(4) für $c = 0 \;\wedge\; a \neq -b$:

138.2 $\frac{x+a}{x-a} - \frac{x-a}{x+a} = \frac{8a^2}{x^2-a^2} \quad (x \neq 0,\ x \neq -a)$

für $a \neq 0$:

für $a = 0$:

139 Bestimmem Sie die Lösungsmenge der nachfolgenden Gleichungen! Die Lösungsvariable sei x (Nenner jeweils ≠ 0):

139.1 $\frac{a}{x} - \frac{b}{x} = c$

139.2 $\frac{a}{x} + b = \frac{b}{x} + a$

139.3 $\frac{a}{bx} = c \quad (b \neq 0)$

139.4 $\frac{x}{a-x} + \frac{x}{b-x} = -2$

139.5 $\frac{x}{a} = b$

139.6 $\frac{1}{x} = \frac{1}{a} + \frac{1}{b}$

139.7 $\frac{c+1}{x} = c$

139.8 $\frac{2}{x-d} + \frac{2}{d} = 1$

139.9 $3a - \frac{1}{x} = 3$

139.10 $3a + \frac{2}{x-3} = 4$

139.11 $5a + 4 - \frac{3}{2x+6} = 5$

139.12 $3 + \frac{6}{3x-3} = 9$

140 Ermitteln Sie aus den folgenden Bruchgleichungen den Wert von x:

140.1 $\frac{x}{x-1} + 2a = 3$

140.2 $\frac{2x}{x+3} + 5a = 3$

140.3 $\frac{x}{2x-1} - a = 4$

140.4 $\frac{5x}{10ax+3} - 4a = 12$

141 Ermitteln Sie aus den folgenden Bruchgleichungen den Wert von x:

141.1 $\frac{a}{x} + \frac{3}{x+1} = \frac{2-a}{ax}$

141.2 $\frac{2}{x} = \frac{2}{2x-2a}$

141.3 $\frac{x}{3x+3a} - \frac{a}{3x} = \frac{1}{3}$

141.4 $\frac{1}{ax+1} + \frac{2}{x+a} = 0$

142 Ermitteln Sie die Lösungsmenge der folgenden Betragsgleichung (Probe!):

$|3x - 4| = 7x + 5$

Fall I: $3x - 4 \geq 0$, also $x \geq \frac{4}{3}$ Fall II: $3x - 4 < 0$, also $x < \frac{4}{3}$

143 Ermitteln Sie die Lösungsmenge der folgenden Betragsgleichungen (Probe!):

143.1 $|8x - 2| = 5x + 3$ 143.2 $|4x + 3| = 2x - 3$ 143.3 $|-2x - 3| = -2x + 7$

143.4 $|-3x + 8| = 4x - 1$ 143.5 $|-5x - 1| = 3x + 1$ 143.6 $|8x + 3| = 7x - 2$

143.7 $|4x - 3| = 2x + 3$ 143.8 $|10x - 5| = 2x - 1$ 143.9 $|0{,}6x - 2| = -1{,}4x + 3$

144 Lösen Sie die folgende Ungleichung und stellen Sie die Lösungsmenge L für $L \subset \mathbb{N}$ ($\mathbb{Z}$; $\mathbb{Q}^+$; $\mathbb{R}$) auf einer Zahlengeraden dar:

144.1 $-2x - 4 < 2$

144.2 $8x - 4 < 5x + 2$

145 Lösen Sie folgende (lineare) Ungleichungen für $x \in \mathbb{R}$:

145.1 $x + 4 \leq \frac{4}{3}x + 5$ 145.2 $8 - x > 3$ 145.3 $x - 3{,}5 \geq -4{,}8$

145.4 $2 + x < -7$ 145.5 $3x - 5 < 4x + 3$ 145.6 $2x + 5 > 7$

145.7 $3(x + 4) > 4(x - 2)$ 145.8 $14 + 2x < 16 - 2x$ 145.9 $3{,}5(2 + x) > 10{,}5$

145.10 $(x + 5)(x - 3) < (x + 2)^2$ 145.11 $(3x - 4)^2 \geq (2 - 3x)^2$ 145.12 $(\frac{1}{2}x - 2)(\frac{1}{2}x + 2) > (\frac{1}{2}x + \frac{2}{3})^2$

146 Geben Sie jeweils fünf (falls möglich) natürliche Zahlen an, die nachfolgende Ungleichungen erfüllen:

146.1 $3 + x < 10$ 146.2 $4 - 3x > 3$ 146.3 $5 - 4x < 7$

146.4 $12 + 3x > 8$ 146.5 $x - 6 < 9$ 146.6 $3x + 7 < 11$

146.7 $2x - 1 < 12$ 146.8 $3x + 2 < 4$ 146.9 $-4x - 3 \geq -12$

147 Gibt es negative reelle Zahlen, die folgende Ungleichungen nicht erfüllen?

147.1 $x - 3 > 0$ 147.2 $3x + 3 < 0$ 147.3 $x - 2 < 0$ 147.4 $4x + 8 < -4$

148 Geben Sie die Lösungsmenge $L \subseteq \mathbb{R}$ folgender Ungleichungen an:

148.1 $|x - 3| < 4$ 148.2 $|2x + 3| < 5$ 148.3 $|3x - 2| \geq 2$ 148.4 $|-5x + 3| \leq -2$

149 Lösen Sie die Ungleichung $\frac{6}{x - 1} < 1$! Beachten Sie daß der Nenner sowohl positiv als auch negativ sein kann und führen Sie eine Fallunterscheidung durch!

150 Lösen Sie die folgenden Bruchungleichungen:

150.1 $\frac{x-3}{x} > 0$ 150.2 $\frac{z+1}{z-1} < 0$ 150.3 $\frac{10}{x+2} > 5$

150.4 $\frac{2}{r-3} < 4$ 150.5 $\frac{y-4}{2y+3} < \frac{1}{2}$ 150.6 $\frac{x-3}{2x+1} > 14$

150.7 $\frac{3x-4}{4} \leq \frac{2x+3}{-2}$ 150.8 $\frac{x+3}{x} \leq \frac{4x+2}{x}$ 150.9 $\frac{3d-7}{4d} \geq \frac{5d+2}{d}$

151 Lösen Sie rechnerisch folgende linearen Gleichungssysteme unter Verwendung geeigneter Methoden:

151.1	151.2	151.3
(I) $y - 4 = 3x + 1$	(I) $y = -\frac{1}{2}x + 5$	(I) $4x - 3y = 7$
(II) $y - 4 = 4x - 4$	(II) $2y + 3x - 6 = 0$	(II) $8x + y = \frac{7}{2}$

152 Folgende lineare Gleichungssysteme sind rechnerisch zu lösen. Überprüfen Sie durch grafische Veranschaulichung (Geraden) die Richtigkeit Ihrer Rechnung:

152.1 (I) $2x + 3y = 7$ (II) $3x - y = 5$

152.2 (I) $x - y = 4$ (II) $3x + y = 8$

152.3 (I) $\frac{x}{10} + \frac{y}{7} = 1$ (II) $2x - y = -3$

152.4 (I) $y = \frac{x}{2} - 3$ (II) $y = -\frac{3}{4}x + 5$

153 Bestimmen Sie die Lösungsmengen folgender linearer Gleichungssysteme rechnerisch:

153.1 (I) $y = x$ (II) $y = -x + 3$

153.2 (I) $y = -x + 7$ (II) $y = x - 1$

153.3 (I) $y = \frac{x}{2} - 1{,}5$ (II) $y = -2x + 3{,}5$

153.4 (I) $2x = y - 1$ (II) $2y = x - 4$

153.5 (I) $3x - 5y = 0{,}5$ (II) $5x - 3y = 5{,}1$

153.6 (I) $2x + 2y = -2$ (II) $-4x - 3y = 0$

153.7 (I) $3x - 2y = 7$ (II) $-1x + 2y = -5$

153.8 (I) $-3x + 6y = 0$ (II) $4x + 8y = 32$

153.9 (I) $2x + 3y = 1$ (II) $-5x - 6y = -4$

153.10 (I) $y = 4x - 1$ (II) $3x - y = 1{,}5$

153.11 (I) $y = 2x - 1$ (II) $-2x + y = 4$

153.12 (I) $3x + 4y = 12$ (II) $-6x - 8y = -24$

154 Berechnen Sie die Koordinaten von evtl. Schnittpunkten der Graphen von f_i und g_i:

154.1	$f_1(x) = 5x + 7$	$g_1(x) = 2x + 10$	154.2	$f_2(x) = 5x - 3$	$g_2(x) = 7 + 4x$
154.3	$f_3(x) = 2x + 7$	$g_3(x) = -4x + 12$	154.4	$f_4(x) = 4x$	$g_4(x) = -7x - 22$
154.5	$f_5(x) = 18 + 9x$	$g_5(x) = 27 + 5x$	154.6	$f_6(x) = 5x + 2$	$g_6(x) = 20 - x$
154.7	$f_7(x) = -6x + 8{,}4$	$g_7(x) = 9x - 9{,}6$	154.8	$f_8(x) = 15(x + 2)$	$g_8(x) = 6(2x + 7)$
154.9	$f_9(x) = 7(3x - 2)$	$g_9(x) = 21x + 3$	154.10	$f_{10}(x) = 8(-3x + 4)$	$g_{10}(x) = -6(4x - 2)$
154.11	$f_{11}(x) = 6(4 - 8x)$	$g_{11}(x) = -12(4x - 2)$	154.12	$f_{12}(x) = 6(x - 3)$	$g_{12}(x) = 5(3 - x)$

155 Lösen Sie das lineare Gleichungssystem aus 3 Gleichungen mit 3 Unbekannten:

(I) $x - 3y - 2z = 3$
(II) $3x + y - z = 4$
(III) $2x + 2y + z = 7$

156 Geben Sie die Lösungen – falls vorhanden – der folgenden Gleichungssysteme an:

156.1 $-x+y+z=7$; $x-y+z=13$; $x+y-z=17$	156.2 $-x+y-z=-13$; $x+y+z=17$; $-x+y+z=7$	156.3 $x+y-z=17$; $x-y+z=13$; $-x+y-z=7$
156.4 $x+y=100-z$; $2y-200=-2(x+z)$; $150-1{,}5z=\frac{3x+3y}{2}$	156.5 $x+y=28$; $x+z=30$; $y+z=32$	156.6 $x+y+z=4$; $2x+y+3z=3$; $3x+2y+4z=10$
156.7 $x-y+z=4$; $2x+y+3z=3$; $3x-3y+4z=10$	156.8 $4y+8z=4x+12$; $-x-3=-y-2z$; $2x-2y=4z-6$	156.9 $x+y+z=9$; $3x-y+2z=11$; $2x+3y-4z=-3$
156.10 $x+y-z=1$; $2x+3y-3z=0$; $3x-2y+z=6$	156.11 $x-2y+z=0$; $2x+y-z=1$; $-x-y+2z=3$	156.12 $x+y-z=1$; $2x+3y-3z=0$; $3x+4y-4z=1$

157 Lösen Sie die folgenden quadratischen Gleichungen:

157.1 $x^2-9=0$	157.2 $x^2+3x=0$	157.3 $x^2-5x+6=0$	157.4 $3x^2+x-\frac{1}{4}=0$

158 Lösen Sie die folgenden quadratischen Gleichungen möglichst ohne Anwendung der Lösungsformel:

158.1 $x^2=256$	158.2 $x^2=324$	158.3 $x^2=32{,}4$
158.4 $x^2-0{,}25=0$	158.5 $x^2-169=0$	158.6 $2x^2-450=0$
158.7 $x^2+2{,}25=0$	158.8 $x^2-4{,}41=0$	158.9 $2x^2-8=0$
158.10 $5x^2-125=0$	158.11 $3x^2-1{,}8=0$	158.12 $3x^2-1{,}8x=0$
158.13 $x^2-12x=0$	158.14 $5x^2-35x=0$	158.15 $8x^2-48x=0$
158.16 $(x-3)^2=1{,}96$	158.17 $x^2+6x+9=0$	158.18 $x^2+12x+36=0$
158.19 $x^2-4x+4=0$	158.20 $4x^2+16x+16=0$	158.21 $3(x-1)^2-3=45$

159 Lösen Sie folgende quadratische Gleichungen (ggf. unter Verwendung der Lösungsformel):

159.1 $x^2+x-12=0$	159.2 $x^2+x-90=0$	159.3 $2x^2+4x+5=0$
159.4 $x^2-0{,}3x-0{,}02=0$	159.5 $8r^2-6r+1=0$	159.6 $x^2+6{,}51=5{,}2x$
159.7 $4x^2+8x-5=0$	159.8 $x^2-40x+111=0$	159.9 $x^2-17x+60=0$
159.10 $x^2-\frac{3}{2}x+\frac{9}{16}=0$	159.11 $u^2-10u+32=0$	159.12 $(2k)^2+8k=-2$
159.13 $3s^2-24s+45=0$	159.14 $14s^2-71s=33$	159.15 $91x^2-45=2x$
159.16 $2x^2-13{,}6x+15{,}9=0$	159.17 $\frac{2x^2+x}{3}=5$	159.18 $\frac{x^2}{2}+3x=x-2$

160 Bestimmen Sie jeweils die Koordinaten der Schnittpunkte der Graphen von f_i mit der x-Achse:

	x_{N1}	x_{N2}		x_{N1}	x_{N2}
$f_1(x) = x^2 - 3x + 2$			$f_7(x) = x^2 + 5x - 14$		
$f_2(x) = x^2 - 6x + 9$			$f_8(x) = x^2 - 1\,100\,x + 100\,000$		
$f_3(x) = x^2 + x - 6$			$f_9(x) = 0{,}1x^2 - 4{,}1x + 42$		
$f_4(x) = 8x^2 - 6x + 1$			$f_{10}(x) = \frac{1}{5}x^2 - \frac{17}{5}x - 46$		
$f_5(x) = x^2 + 1{,}96$			$f_{11}(x) = x^2 - 2x - 15$		
$f_6(x) = x^2 - x - 12$			$f_{12}(x) = -x^2 + \frac{1}{2}x - \frac{1}{16}$		

161 Sind x_1 und x_2 Lösungen der Gleichung $x^2 + px + q = 0$, so gilt $x^2 + px + q = (x - x_1) \cdot (x - x_2)$. Zerlegen Sie analog die nachfolgenden Terme in Linearfaktoren:

161.1 $x^2 + 2x - 15 =$

161.2 $2x^2 + 4x - 30 =$

162 Zerlegen Sie folgende Terme in Linearfaktoren:

162.1 $x^2 + 2x - 15 =$
162.2 $x^2 - 5x - 14 =$
162.3 $y^2 - y - \frac{1}{4} =$
162.4 $z^2 + 2{,}5z - 1{,}5 =$
162.5 $3x^2 - 2x - 8 =$
162.6 $6x^2 + x - 1 =$
162.7 $-7x^2 + 22x - 3 \neq$
162.8 $5y^2 - 10y - 10 =$
162.9 $-3k^2 - \frac{1}{2}k + \frac{1}{2}$

163 Bestimmen Sie mit dem Wurzelsatz des VIETA jeweils den Wert der Parameter p und q in $x^2 + px + q = 0$, wenn die Gleichung die Lösungsmenge $L = \{x_1; x_2\}$ hat:

163.1 $x_1 = 3;\ x_2 = 4$
163.2 $x_1 = 1;\ x_2 = 0$
163.3 $x_1 = -2;\ x_2 = 3$
163.4 $x_1 = 4;\ x_2 = 5$
163.5 $x_1 = 3;\ x_2 = -2$
163.6 $x_1 = 0;\ x_2 = -1$
163.7 $x_1 = 2;\ x_2 = 2$
163.8 $x_1 = -2;\ x_2 = -3$

164 Geben Sie die Gleichung der quadratischen Funkrion f mit $f(x) = x^2 + bx + c$ an, welche die Nullstellen x_{N1} und x_{N2} besitzt!

x_{N1}	x_{N2}	f(x) =	x_{N1}	x_{N2}	f(x) =
–1	3		–1,5	2,8	
4	–5		$\frac{4}{5}$	$\frac{3}{2}$	
3	2		$\frac{7}{8}$	$\frac{2}{5}$	
2	–2		0,1	3	
3	–4		$\sqrt{2} - \sqrt{3}$	$\sqrt{2} + \sqrt{3}$	

165 Bestimmen Sie b_i so, dass x_{i1} eine Lösung der angegebenen Gleichung ist. Wie lautet dann die zweite Lösung (falls sie existiert)?

165.1 $x^2 + b_1x - 21 = 0;\ x_{11} = 7$
165.2 $x^2 + 11x + b_2 = 0;\ x_{21} = -2$
165.3 $2x^2 + b_3x - 1 = 0;\ x_{31} = 1$
165.4 $x^2 + b_4x + 4 = 0;\ x_{41} = -2$
165.5 $4x^2 + 2x + b_5 = 0;\ x_{51} = -1$
165.6 $6x^2 + b_6x - 6 = 0;\ x_{61} = \frac{2}{3}$

166 Lösen Sie durch geeignete Substitution die folgende Gleichung:

$x^4 - 5x^2 + 4 = 0;$ $x^2 = u$ $x = \pm\sqrt{u}$

167 Lösen Sie durch geeignete Substitution bzw. durch Vereinfachung folgende Gleichungen:

167.1 $3x^6 - 6x^3 - 9 = 0$
167.2 $x^5 - 5x^3 + 4x = 0$
167.3 $10x^4 - x^2 - 21 = 0$
167.4 $x^6 + 2x^4 - 15x^2 = 0$
167.5 $x^8 + 2x^4 - 8 = 0$
167.6 $x + 2\sqrt{x} - 3 = 0$
167.7 $\sin^2 x - \sin x + \frac{1}{4} = 0 \quad 0 \le x < \frac{\pi}{2}$
167.8 $\sin^2 x - \frac{1}{2} = 0 \quad 0 \le x \le \pi$
167.9 $(\lg x)^2 - 4\lg x + 4 = 0$
167.10 $(\lg x)^2 + 2\lg x + 1 = 0$
167.11 $(\log_4 x)^2 - \log_4 x + \frac{1}{4} = 0$
167.12 $\sin^2 x + \cos^2 x = 5 - x^2$

168 Lösen Sie folgende Wurzelgleichungen (Beachten Sie: Da Quadrieren einer Gleichung eine nichtäquivalente Umformung darstellt, ist eine Probe stets erforderlich.):

168.1 $\sqrt{4x} = 6$
168.2 $\sqrt{7x + 4} = \sqrt{31 - 2x}$
168.3 $\sqrt{x + 1} = \sqrt{2x + 3} - 1$
168.4 $\sqrt{3x - 2} - 5 = -\sqrt{2x + 5}$

169 Lösen Sie folgende Wurzelgleichungen:

169.1 $\sqrt{7x + 3} = 0$
169.2 $\sqrt{6x - 5} = 8$
169.3 $\sqrt{5x + 2} = \sqrt{7x - 2}$
169.4 $\sqrt{2x + 5} = x - 5$
169.5 $\sqrt{8x - 8} = 2x - 2$
169.6 $\sqrt{x + 2} = -x - 3$
169.7 $x + \sqrt{x} - 12 = 0$
169.8 $x - \sqrt{x} - 12 = 0$
169.9 $\sqrt{3x + 7} - \sqrt{4 - x} = 3$
169.10 $\sqrt{3x + 7} + \sqrt{4 - x} = 3$
169.11 $-\sqrt{3x + 7} + \sqrt{4 - x} = 3$
169.12 $-\sqrt{3x + 7} - \sqrt{4 - x} = 3$

170 Es gilt: lg 2 = 0,301; lg 3 = 0,477; lg 5 = 0,699 und lg 7 = 0,845. Wenden Sie die Logarithmengesetze (s. auch Aufgabe 47) zur Berechnung der folgenden Terme (ohne Taschenrechner) an:

170.1 $\lg 6 = \lg(2 \cdot 3) = \ldots$
170.2 $\lg \frac{2}{3} =$
170.3 $\lg 35 =$
170.4 $\lg 60 =$
170.5 $\lg 25 =$
170.6 $\lg 27 =$
170.7 $\lg 15^3 =$
170.8 $\lg \frac{4}{15} =$
170.9 $\lg 0{,}4 =$
170.10 $\lg 1 =$
170.11 $\lg 4^{15} =$
170.12 $\lg 0{,}5 =$
170.13 $\lg \frac{1}{5} = \lg 5^{-1} = \ldots$
170.14 $\lg 10 =$
170.15 $\lg 20 =$

171 Vereinfachen Sie folgende Terme:

171.1 $\lg 3x + \lg 4x =$
171.2 $\lg 2x - \lg 6x =$
171.3 $2\lg x - \lg 2x =$
171.4 $3\lg 2x^2 + \lg 0{,}25x =$
171.5 $5\lg 3x - 2\lg\sqrt{2x} =$
171.6 $4\lg 5x - \lg 25 =$

172 Lösen Sie folgende Logarithmengleichungen:

172.1	$\lg x = 2$	172.2	$\lg x = -3$	172.3	$\log_2 x = 5$
172.4	$\lg_6 x = 3$	172.5	$\log_{\frac{1}{64}} x = \frac{1}{3}$	172.6	$\log_2 x = 4$
172.7	$\log_3 x = -2$	172.8	$\log_x a = 1$	172.9	$\log_x 0{,}000001 = -6$
172.10	$\log_p \frac{1}{p^4} = x$	172.11	$\log_{64} x = -\frac{1}{3}$	172.12	$x = \log_c \frac{1}{c} + \log_{\frac{1}{c}} c$
172.13	$\lg 10\,000 = x$	172.14	$\lg 10^{-5} = x$	172.15	$\log_2 x = 7$
172.16	$\log_3 x = 4$	172.17	$\log_5 x = 4$	172.18	$\log_{\frac{1}{2}} x = 7$
172.19	$\log_{\frac{1}{2}} x = \frac{1}{2}$	172.20	$\log_{\frac{1}{3}} 27 = x$	172.21	$\log_8 2 = x$
172.22	$\log_x 36 = 2$	172.23	$\log_x 81 = -4$	172.24	$\log_x 3 = \frac{1}{3}$

173 Berechnen Sie jeweils x mit Hilfe des Taschenrechners.
(Nutzen Sie sie Beziehung: $\log_b a = x \Leftrightarrow a = b^x \Leftrightarrow \lg a = \lg b^x = x \lg b \Leftrightarrow x = \frac{\lg a}{\lg b}$.)

173.1	$\log_3 205 = x$	173.2	$\log_{2,5} 10 = x$	173.3	$\log_6 345 = x$
173.4	$\log_6 0{,}345 = x$	173.5	$\log_{0,5} 2{,}3 = x$	173.6	$\log_{0,5} 0{,}003 = x$

174 Ermitteln Sie die Lösungen folgender Gleichungen (auf 3 Dezimalstellen genau) bzw. fassen Sie mithilfe der Logarithmengesetze zusammen und lösen Sie nach x auf:

174.1	$\lg(x^2 - 21) = 2$	174.2	$\lg(x^2 - 4x) = 2$
174.3	$\lg(x - 3) = 3$	174.4	$\log_5(1 - 2x) = 4$
174.5	$\log_3(x^2 + 4x + 9) = 2$	174.6	$\log_4(5x + 4) = 4$
174.7	$\lg 3 + \lg x = \lg(1\,000 - 5x)$	174.8	$\lg x = \lg a - \lg b \quad (a, b > 0)$
174.9	$\lg x = 3 \lg b \quad (b > 0)$	174.10	$\lg x = \frac{1}{3} \lg a + \frac{1}{2} \lg b - \lg c$
174.11	$\lg x = 3 \lg a + 2 \lg b - 4 \lg c$	174.12	$\lg(x - 1) + \lg 3 = \lg(x^2 - 1)$
174.13	$\lg x - \lg 4 = \lg 35 - \lg(x + 4)$	174.14	$\frac{1}{\lg x + 1} - \frac{3}{\lg x - 3} = 2$
174.15	$\lg(x + 1)^2 = \lg 2 + \lg(x + 1) + \lg(x - 1)$	174.16	$\lg(x - 2) - \frac{1}{2} \lg 4 = \frac{1}{3} \lg 125 - \lg(x + 1)$

175 Ermitteln Sie die Lösungen folgender Exponentialgleichungen:

175.1	$3^x = 7$	175.2	$13^{x-2} = 2\,526$
175.3	$3^x - 81 = 0$	175.4	$a^{2x} - 5a^x + 6 = 0$ (Ersetzen Sie $a^x = z$!)
175.5	$4 \cdot 5^x = 81$	175.6	$0{,}5 \cdot 3{,}2^x = 1$
175.7	$3 \cdot 2^{x-5} = 7$	175.8	$21 \cdot 2^{x-3} = 42$
175.9	$4 \cdot 3^{3x-2} = -7$	175.10	$2^{x-1} = 4$
175.11	$3^{x+1} + 3^x = 108$	175.12	$2^{x+1} + 3^x = 2^x + 3^{x+2}$
175.13	$7^x - 7^{x-1} = 6$	175.14	$5^{2x} - 3 \cdot 5^x + 2 = 0$

Geometrische Berechnungen unter Anwendung bekannter Formeln und Sätze

176 Ermitteln Sie den Flächeninhalt folgender (grau unterlegter) Figuren:

176.1

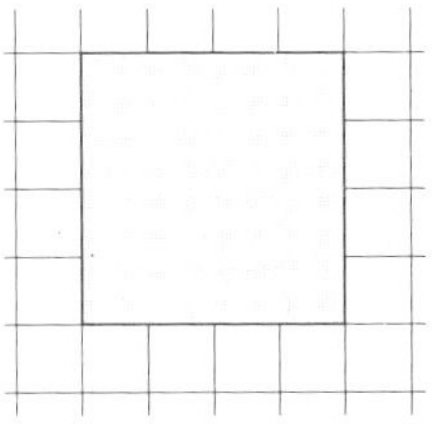

176.2

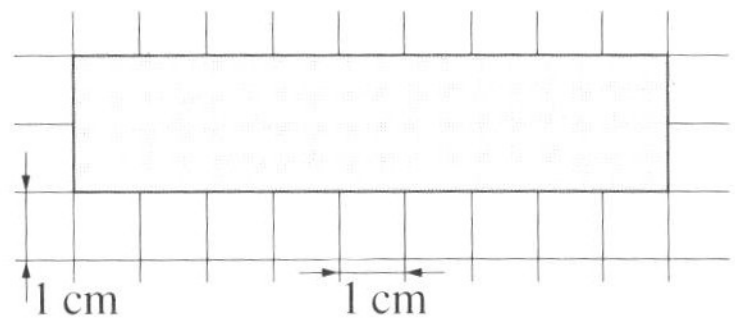

176.3

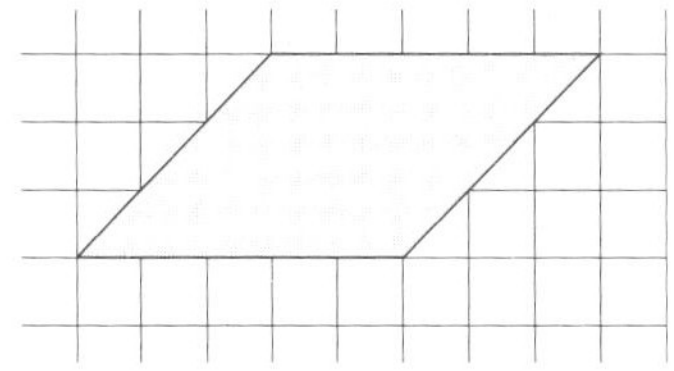

176.4

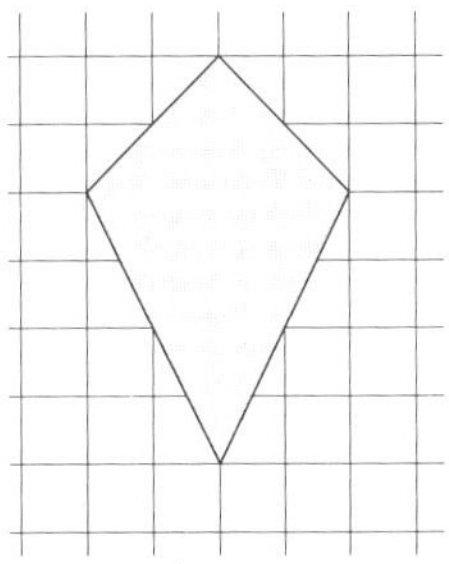

176.5

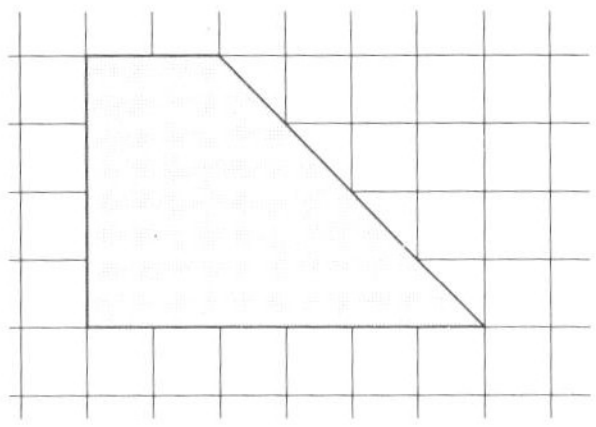

176.6

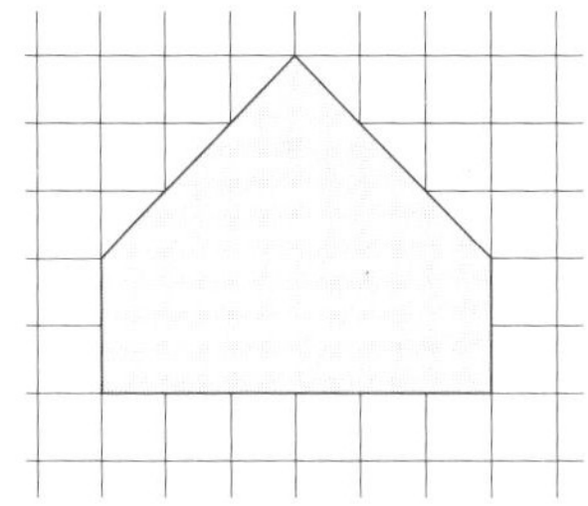

176.7

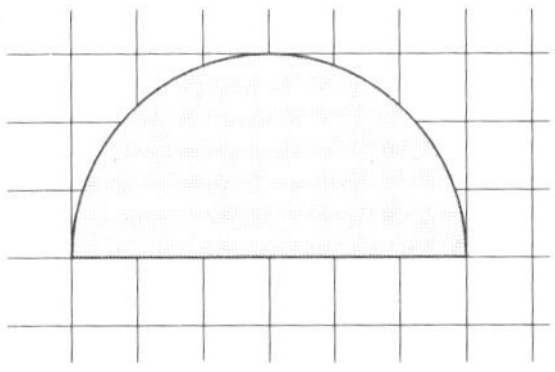

176.8

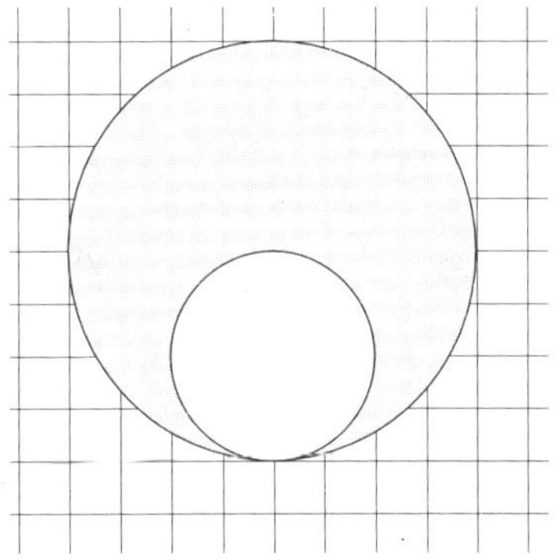

176.9

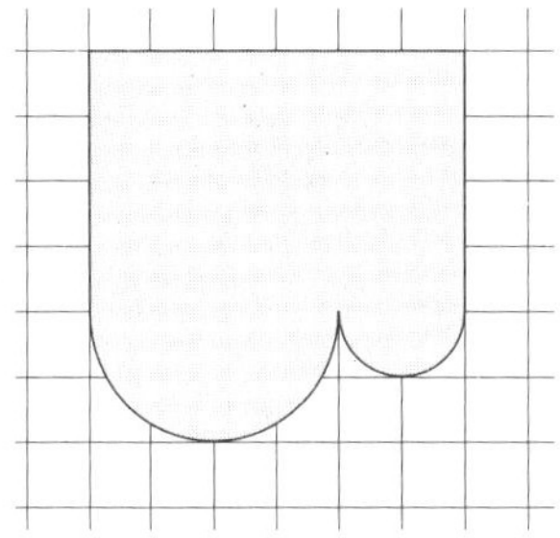

176.10

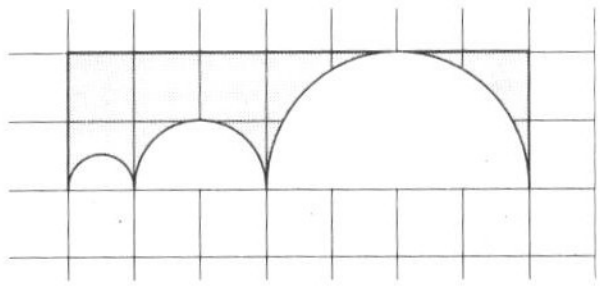

176.11

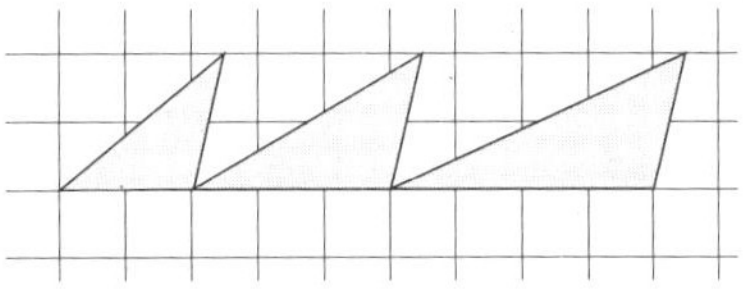

176.12

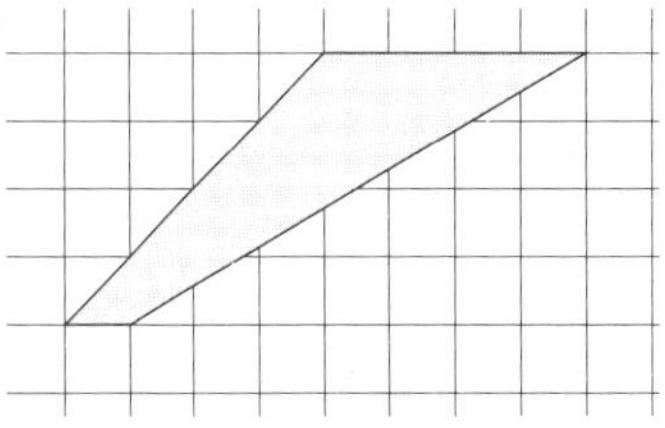

176.13

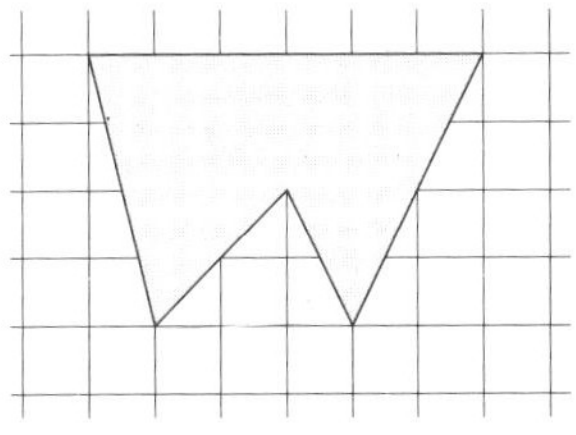

176.14

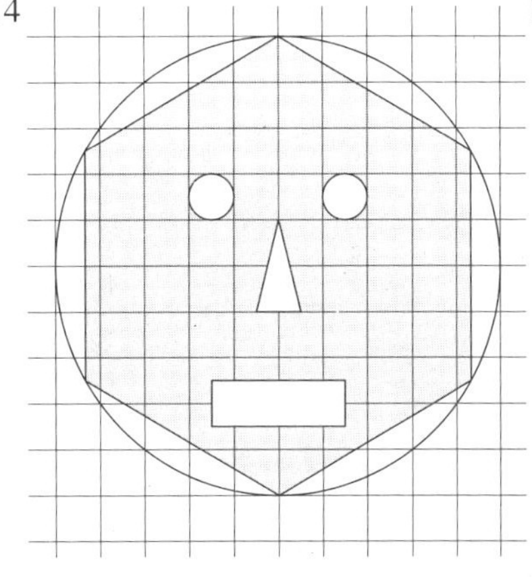

176.15

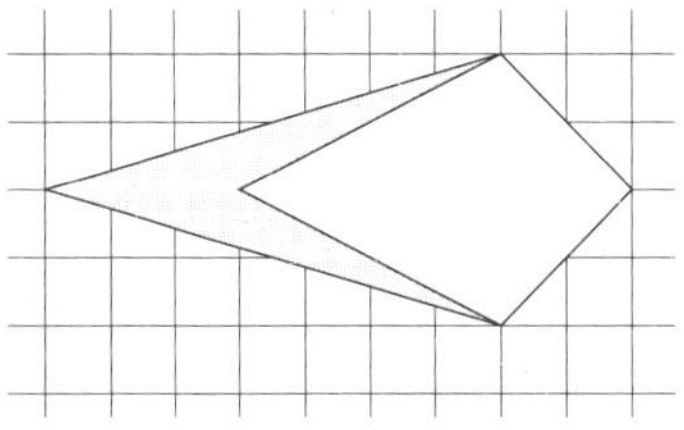

177 Berechnen Sie für die nachfolgend skizzierten Körper jeweils Oberflächeninhalt und Volumen:

177.1
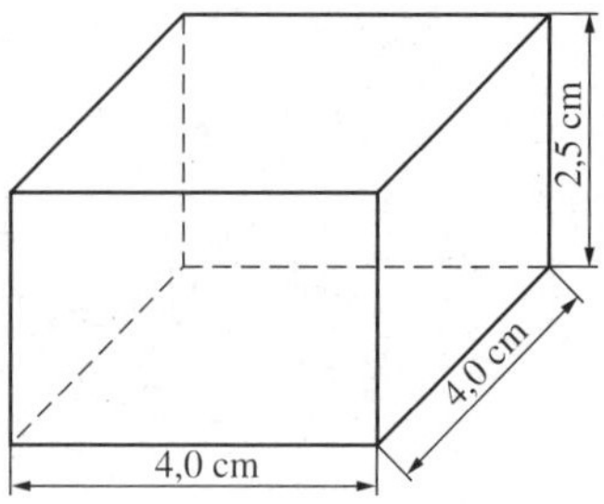

177.2
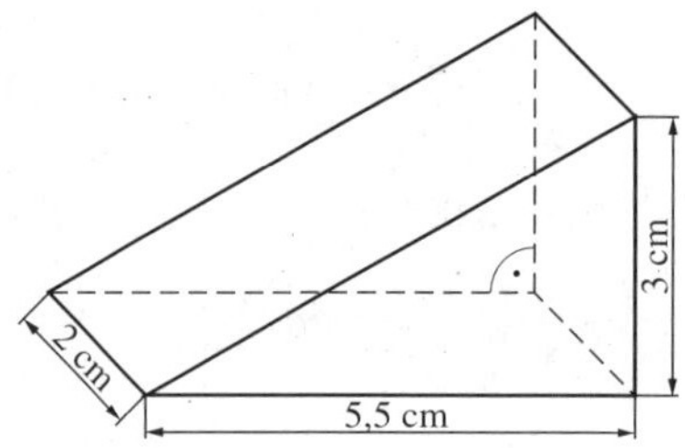

177.3
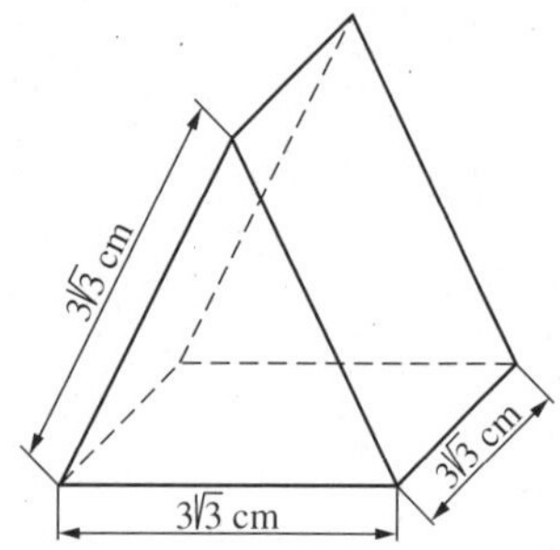

Die nachfolgenden geraden Pyramiden haben eine regelmäßige Grundfläche.

177.4
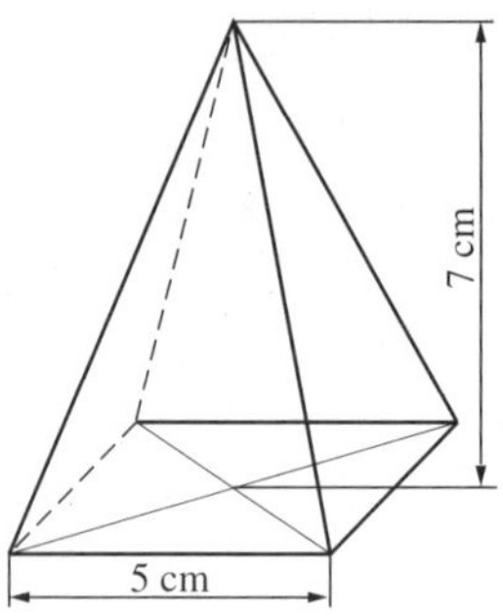

177.5
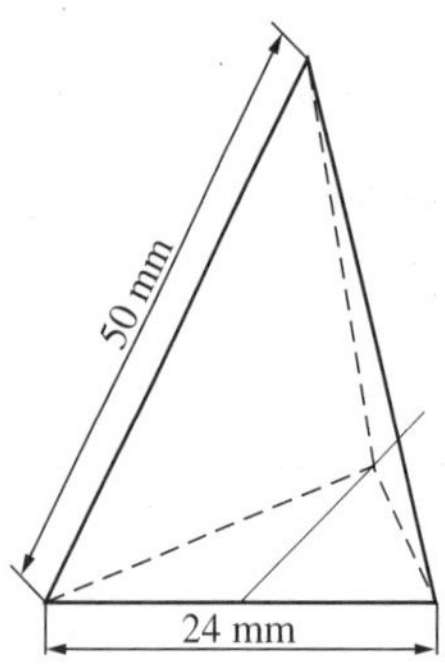

177.6
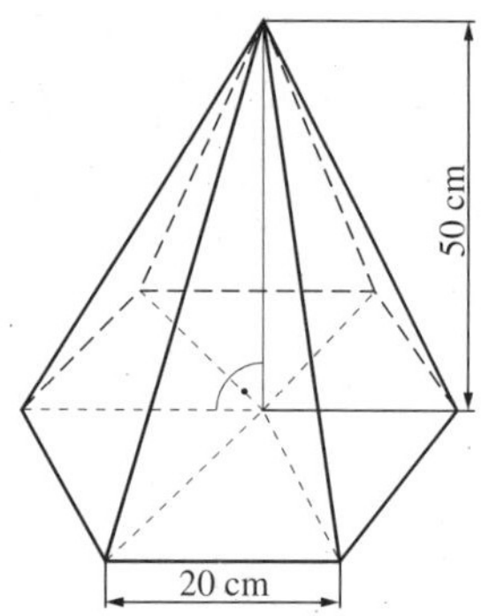

177.7
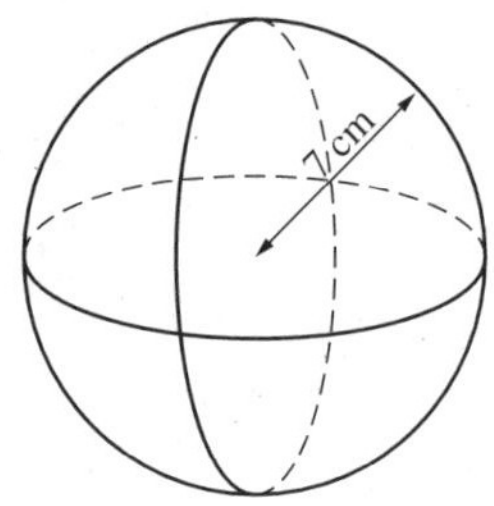

177.8
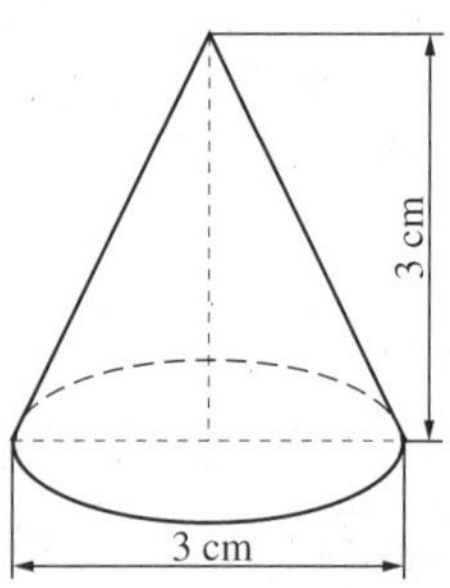

177.9
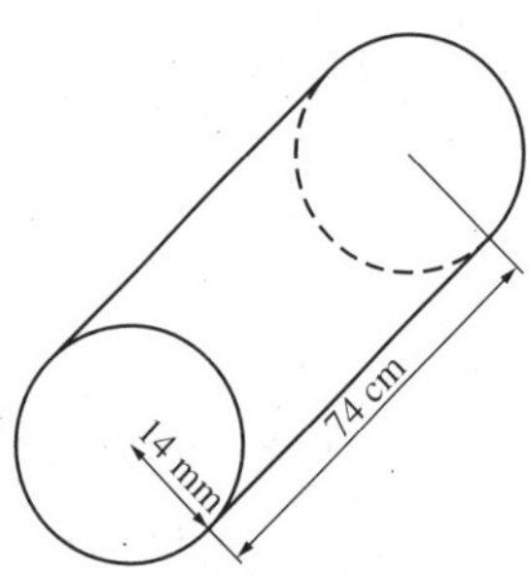

177.10
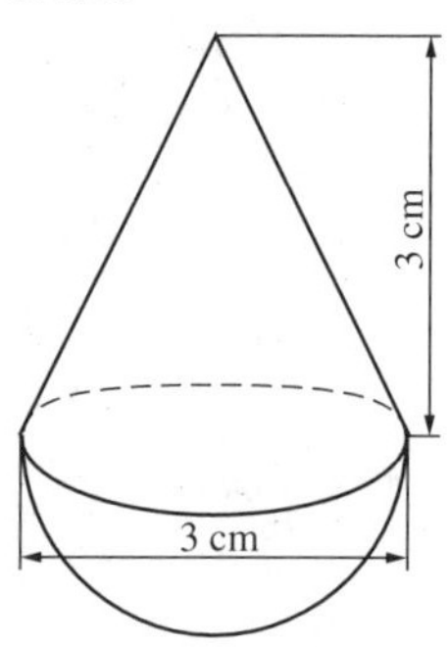

177.11
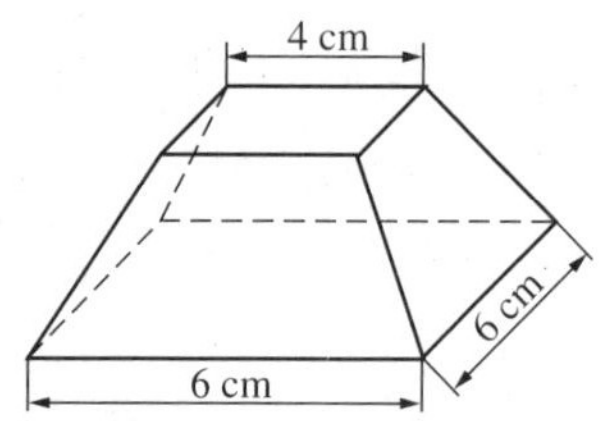

178 Vervollständigen Sie die nachfolgende Tabelle für eine Pyramide mit rechteckiger Grundfläche!

	a	b	h_k	s	h_a	h_b	A_O	A_M	V
178.1	4 cm	4 cm	6 cm						
178.2	4 cm	5 cm	6 cm						
178.3	40 mm	8 cm		5 cm					
178.4	5 cm	6 cm							100 cm^3
178.5	7 cm		8 cm						168 cm^3
178.6	6 cm				14 cm	14 cm			

Skizze:
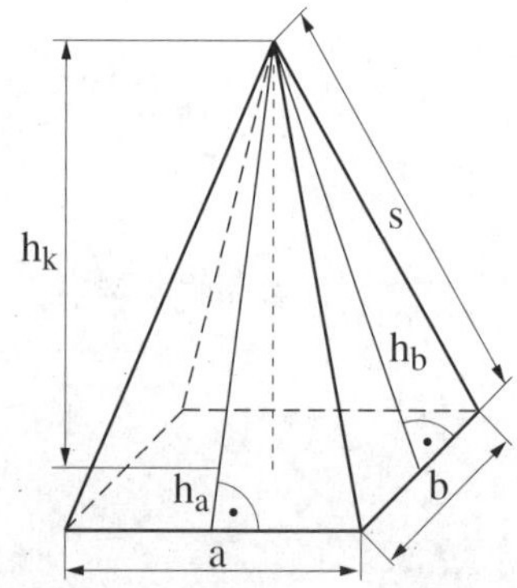

179 Ergänzen Sie unter Bezug auf die folgenden Figuren die angegebenen Tabellen:

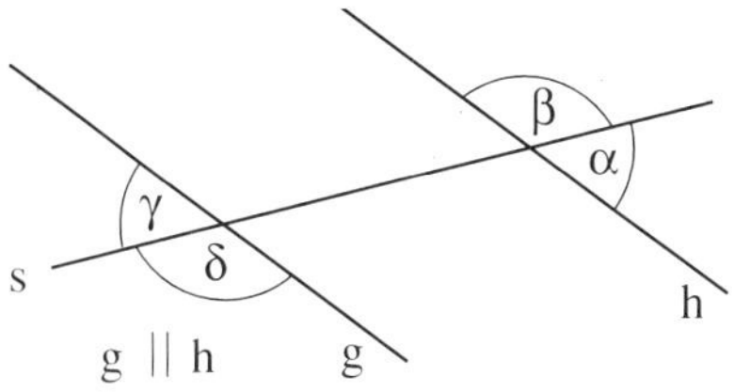

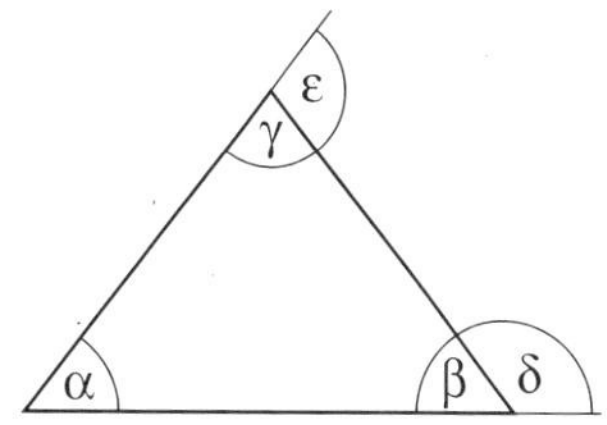

		α	β	γ	δ
179.1	1.	47°			
	2.		121°		
	3.			70°	
	4.				163°
	5.		x		
	6.		2α		
	7.	3β			

		α	β	γ	δ	ε
179.2	1.	50°	40°			
	2.	45°			105°	
	3.		30°	30°		
	4.				100°	140°
	5.	70°			120°	
	6.		α	α		
	7.			β	5β	

180 Bestimmen Sie in den nachfolgenden Figuren die Größen der unbekannten Winkel. Begründen Sie!

180.1

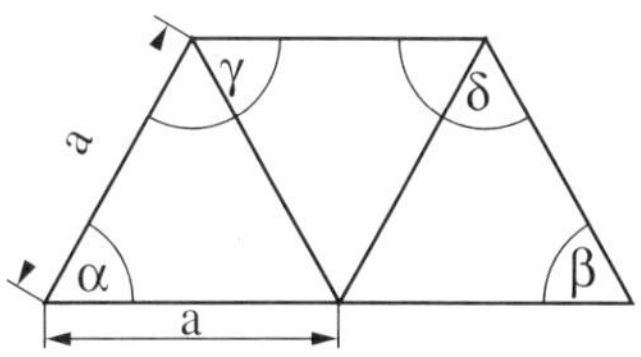

α =
β =
γ =
δ =

180.2

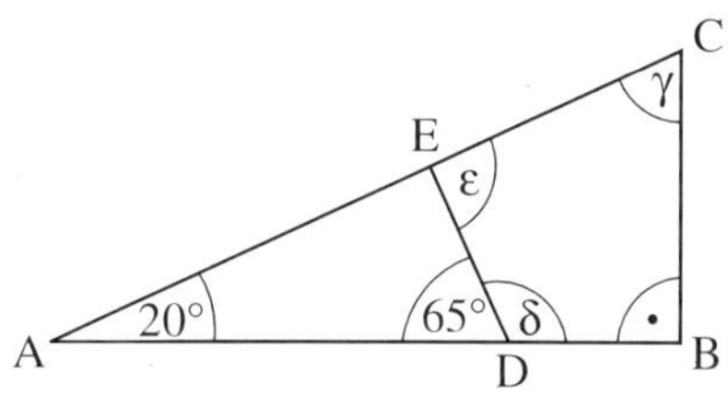

δ =
ε =
γ =

180.3

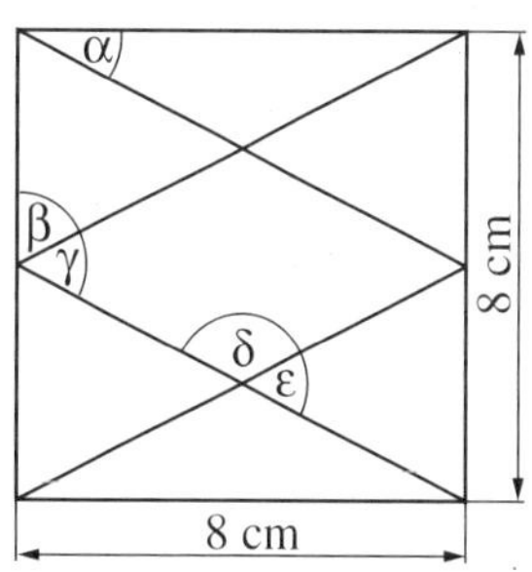

α =
β =
δ =
ε =
γ =

181 Stellen Sie die Formeln für regelmäßige Vielecke (n-Ecke) bereit:

Innenwinkel:

Umfang:

Flächeninhalt:

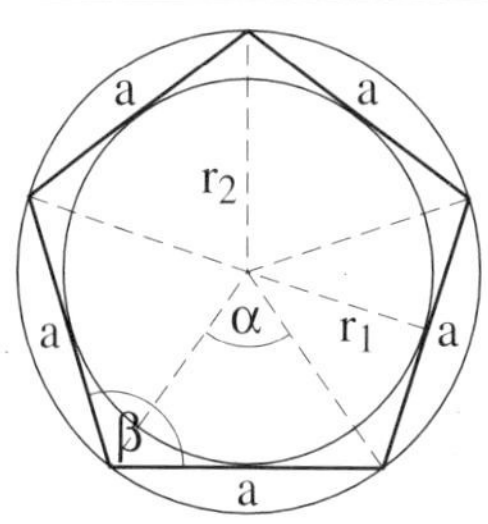

182 Ergänzen Sie die folgende Tabelle:

	n	α	a	u	r_1	r_2	A
182.1 regelmäßiges Viereck ____________			5 cm				
182.2 regelmäßiges Fünfeck			5 cm				
182.3 regelmäßiges Sechseck				60 cm			
182.4 regelmäßiges ____________		45°		40 cm			
182.5 regelmäßiges ____________	3		10 cm				

183 Spiegeln Sie das Δ ABC an der y-Achse!
Drehen Sie das entstandene Dreieck A'B'C' um P(0; 0) um 90°!
Strecken Sie das Dreick A'B'C' vom Streckungszentrum Z_1 (0; 0) mit dem Faktor 2!
Strecken Sie das Dreieck A''B''C'' vom Zentrum Z_2 (0; – 6) aus mit k = –1!
Bestimmen Sie jeweils die Eckpunktskoordinaten der entstandenen Bilddreiecke!

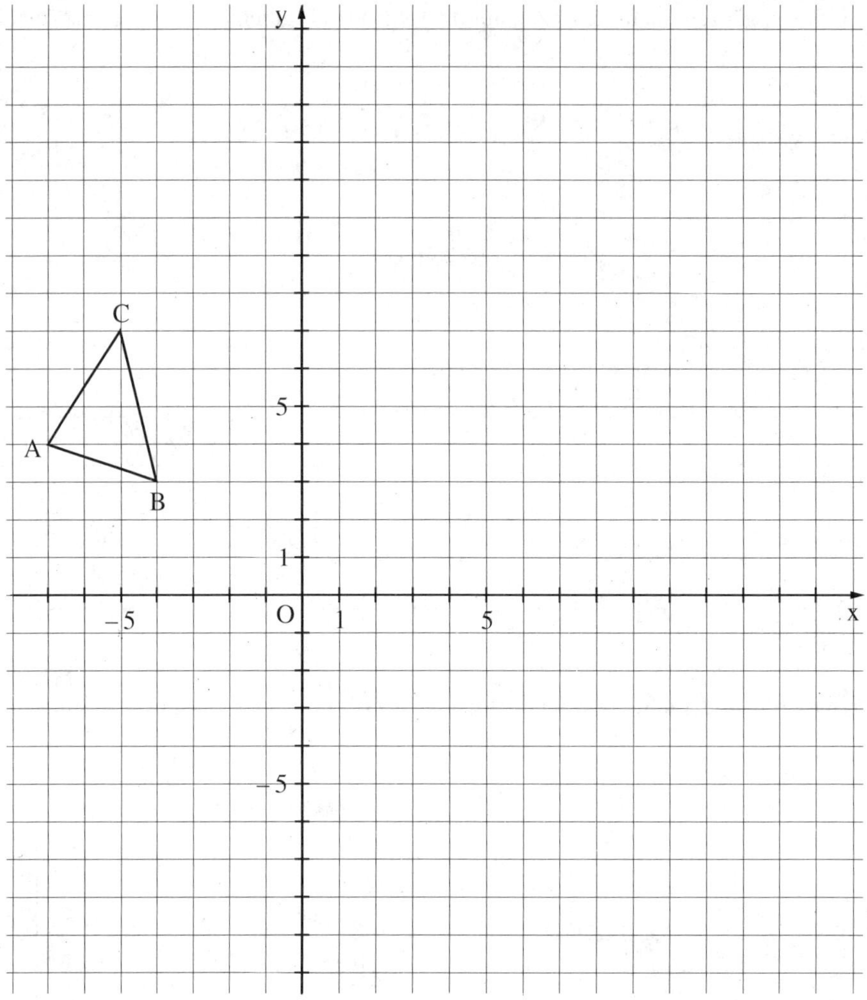

184 Ergänzen Sie die nachfolgende Tabelle für die ähnlichen Dreiecke Δ ABC und Δ A'B'C' mit $\frac{a'}{a} = \frac{b'}{b} = \frac{c'}{c} = k$:

	Δ ABC								Δ A'B'C'								
	a	b	c	α	β	γ	u	A	a'	b'	c'	α'	β'	γ'	u'	A'	k
1	2 cm	2 cm	2 cm						5 cm								
2	3 cm		5 cm							8 cm							2
3	9 cm		2 cm				20 cm								10 cm		
4								30 cm²				60°	60°				1,5
5					20°							40°					0,7

k = Ähnlichkeitsfaktor

185 Ergänzen Sie die nachfolgende Tabelle für ein Dreieck ABC wie in nebenstehender Zeichnung:

	a	b	c	p	q	h
185.1	6 cm	8 cm				
185.2				5 cm	2 cm	
185.3			2,4 cm	2 cm		
185.4			50 mm		6 cm	
185.5				2,5 cm		10 cm

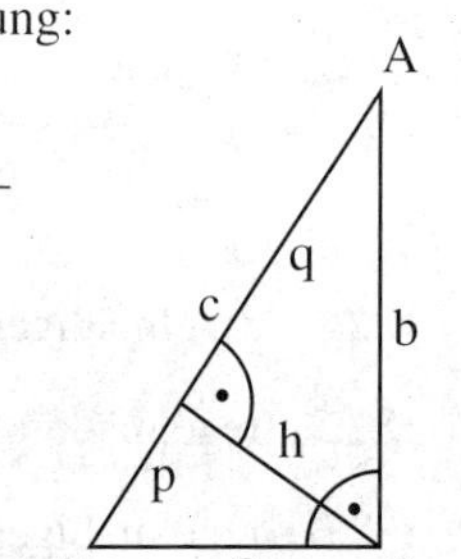

186 Stellen Sie für die Längen folgender Dreiecksseiten die Gleichungen nach dem Kathetensatz auf:

186.1 $\overline{AC}$: 186.2 $\overline{BC}$:

186.3 $\overline{CE}$: 186.4 $\overline{EB}$:

186.5 $\overline{AE}$: 186.6 $\overline{EG}$:

186.7 $\overline{EF}$:

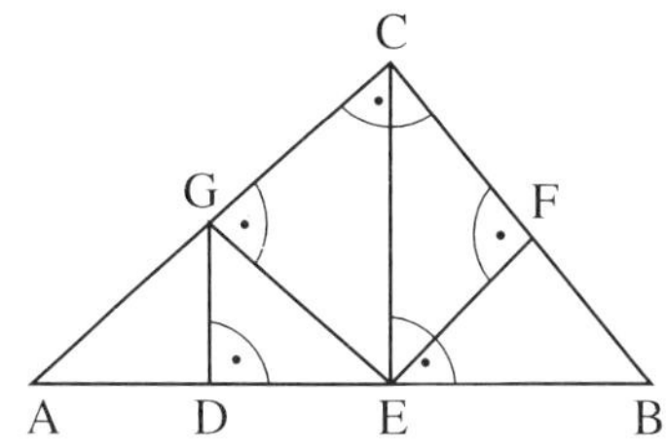

187 Stellen Sie Formeln für die jeweils angegebenen Größen auf:

187.1 gesucht:
d =
D =

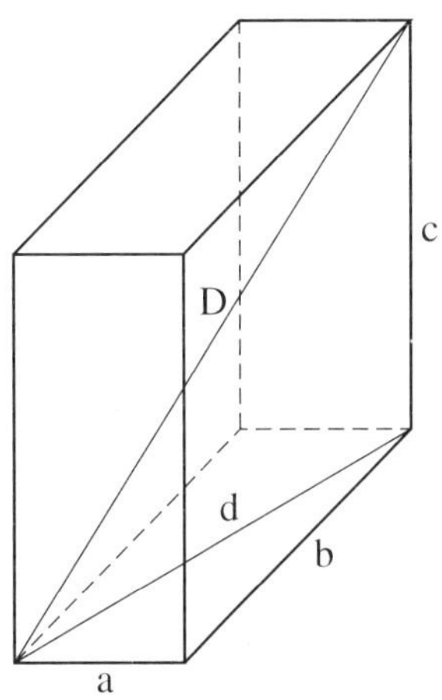

187.2 gesucht:
$D_1 = |\overline{M_1G}|$
$D_2 = |\overline{M_1C}|$
$D_3 = |\overline{M_2H}|$

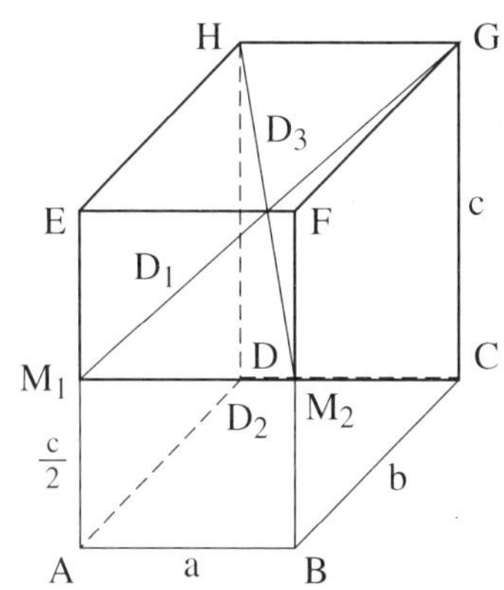

187.3 gesucht:
h =
H =

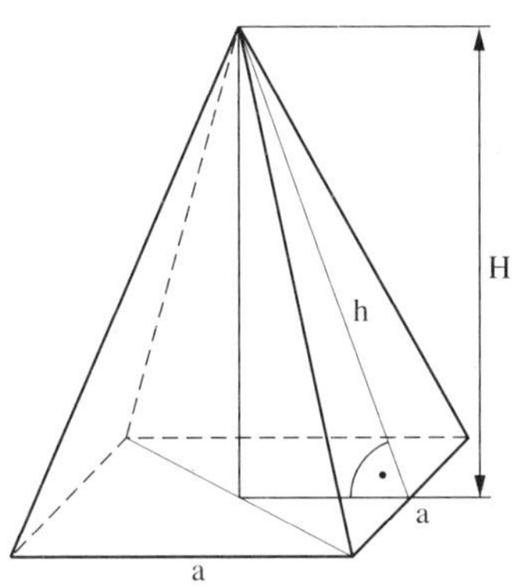

187.4 gesucht:
a =
h =
V =

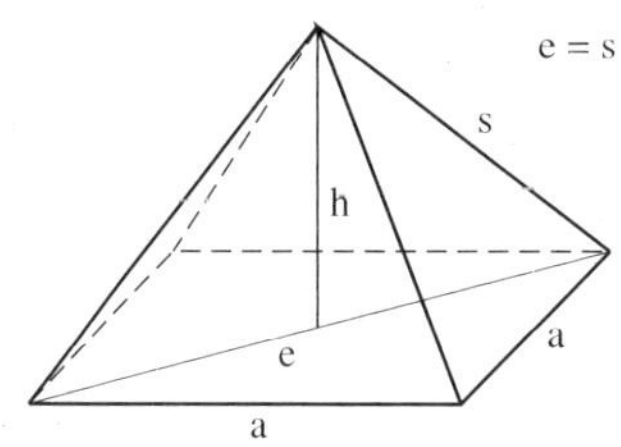

188 Ergänzen Sie die Verhältnisgleichungen so, dass wahre Aussagen entstehen!

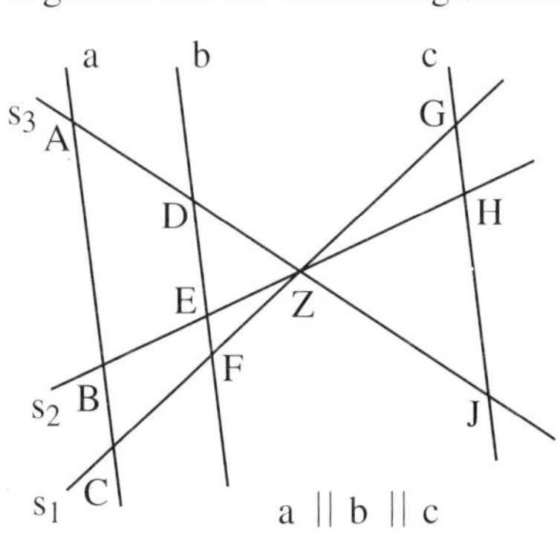

$\frac{|\overline{AD}|}{|\overline{DZ}|} = \frac{|\overline{CF}|}{\quad}$ $\frac{|\overline{BZ}|}{|\overline{BE}|} = \frac{\quad}{|\overline{CF}|}$ $\frac{\quad}{|\overline{BC}|} = \frac{|\overline{DE}|}{|\overline{EF}|}$

$\frac{|\overline{BZ}|}{|\overline{BC}|} = \frac{|\overline{EZ}|}{\quad}$ $\frac{|\overline{ZJ}|}{|\overline{ZD}|} = \frac{|\overline{ZG}|}{\quad}$ $\frac{|\overline{EH}|}{|\overline{ZH}|} = \frac{|\overline{FG}|}{\quad}$

189 Ergänzen Sie unter Verwendung der Strahlensätze die folgenden Tabellen:

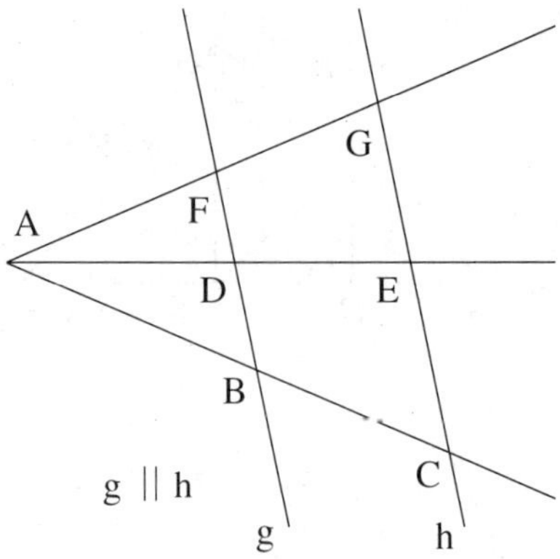

$\lvert\overline{AB}\rvert$	$\lvert\overline{AC}\rvert$	$\lvert\overline{BC}\rvert$	$\lvert\overline{AD}\rvert$	$\lvert\overline{AE}\rvert$	$\lvert\overline{DE}\rvert$	$\lvert\overline{AF}\rvert$	$\lvert\overline{AG}\rvert$	$\lvert\overline{FG}\rvert$
		2 cm		7,5 cm	2,5 cm	8 cm		4 cm
	14 m		12,6 m		9,4 m		21 m	9m
1,2 km				10,8 km	3,6 km	3,2 km		1,6 km

$\lvert\overline{AB}\rvert$	$\lvert\overline{AC}\rvert$	$\lvert\overline{BD}\rvert$	$\lvert\overline{CE}\rvert$	$\lvert\overline{BF}\rvert$	$\lvert\overline{CG}\rvert$
6 m		7 m	$16,\overline{3}$ m	15 m	
	4 cm		0,76 cm		4,2 cm
142 km			278 km	322 km	

190 Konstruieren Sie die Tangenten an den Kreis k im Punkt P bzw. vom Punkt Q aus:

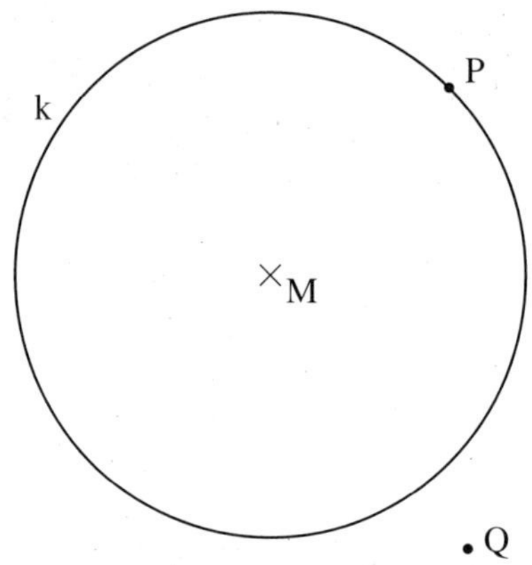

191 Konstruieren Sie an den Kreis k zwei Tangenten, die miteinander einen Winkel von 60° bilden!

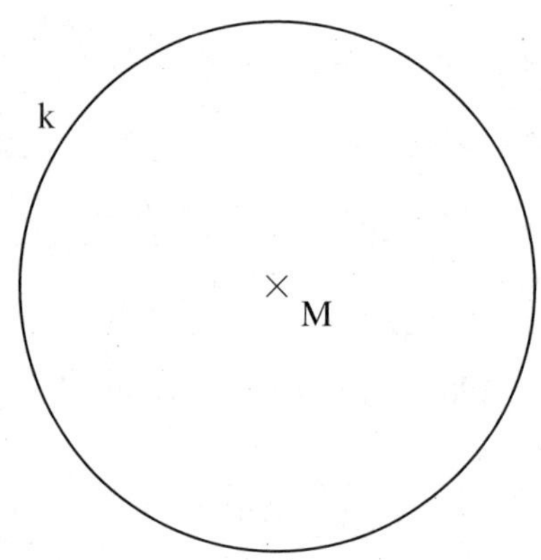

192 Ermitteln Sie die Größe der Winkel α, β, γ, δ, ε und begründen Sie Ihr Vorgehen!

Skizze:

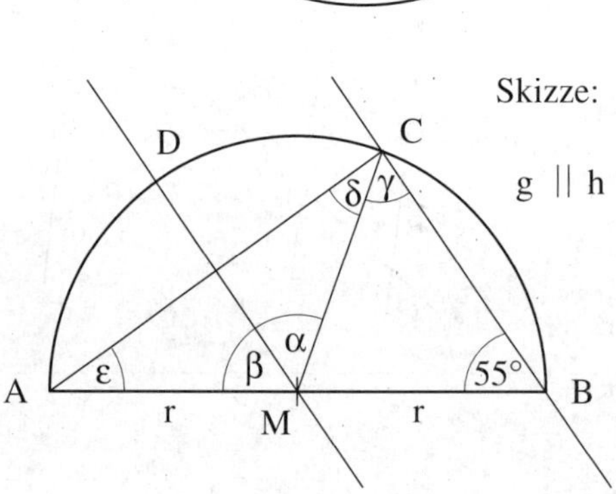

193 Gegeben sind die Punkte A(3; 0,5), B(9; 4) und C(1,5; 6).

193.1 Tragen Sie die Punkte in das Koordinatensystem ein!

193.2 Konstruieren Sie einen Kreis k so, dass die Punkte A, B und C auf der Kreislinie liegen!

193.3 Die Punkte A, B und C bilden ein Dreieck. Konstruieren Sie den Inkreis des Dreiecks ABC!

193.4 Konstruieren Sie die Tangente an den Kreis k im Punkt C!

193.5 Geben Sie (näherungsweise) eine Funktionsgleichung für die Tangente an! Berechnen Sie die Nullstelle dieser Funktion!

193.6 Berechnen Sie den Flächeninhalt des Dreiecks, das aus dem Koordinatenursprung und den Schnittpunkten der Tangente mit der x-Achse bzw. y-Achse gebildet wird!

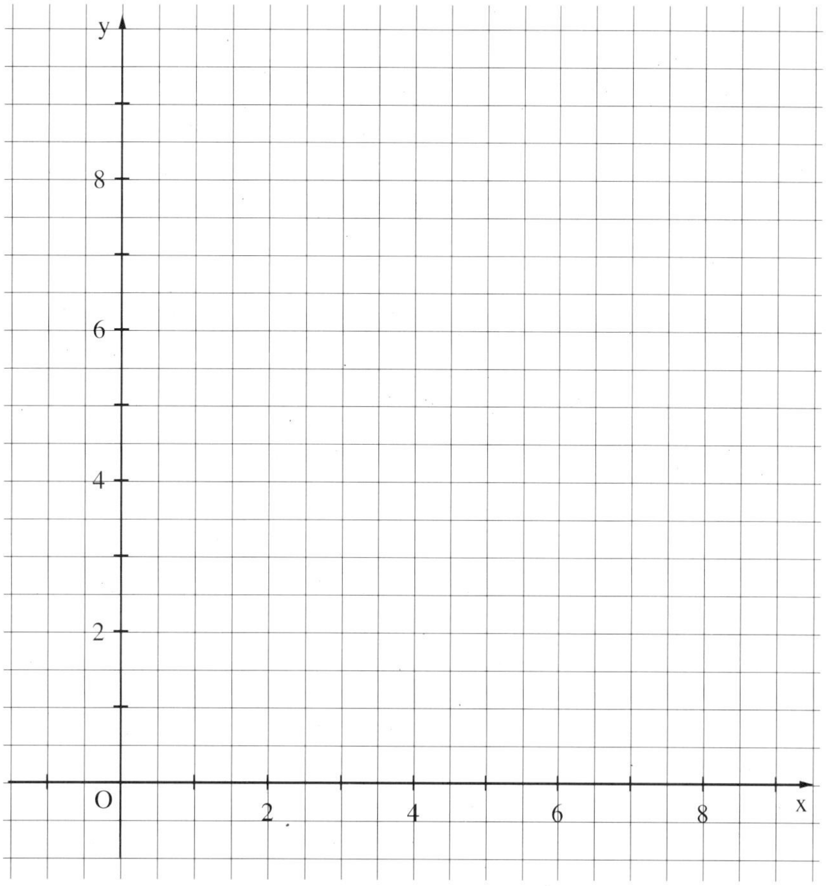

194 Bestimmen Sie die Größe aller eingezeichneten Winkel! Begründen Sie!

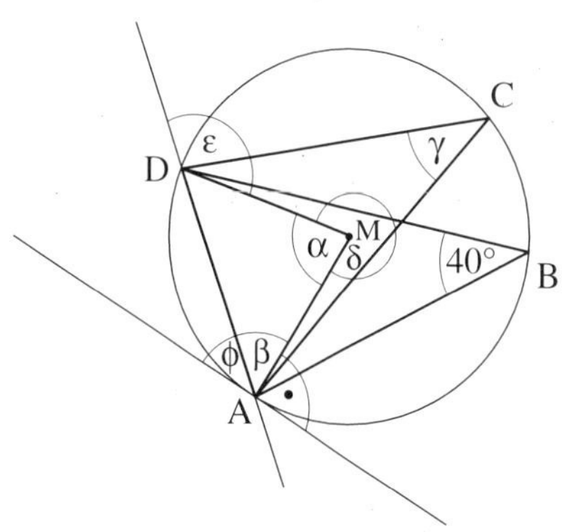

195 Berechnen Sie den Umfang und den Flächeninhalt der angegebenen Figuren!

195.1

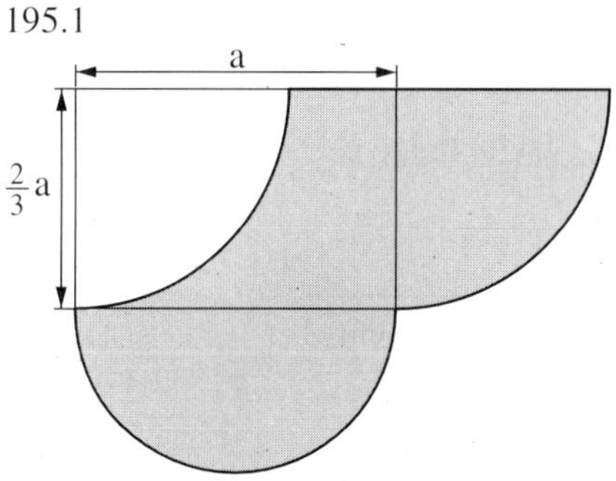

195.2

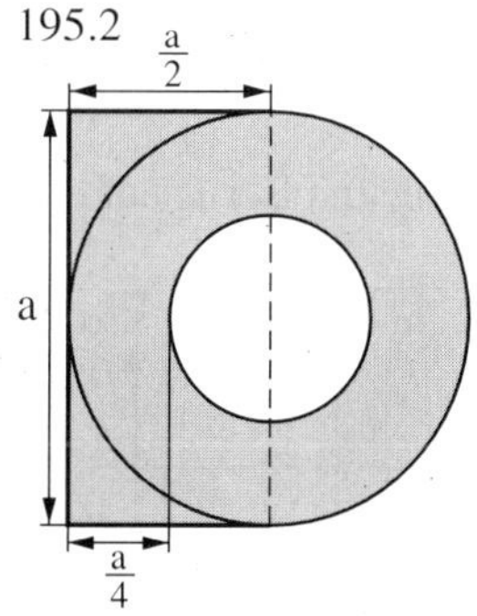

195.3

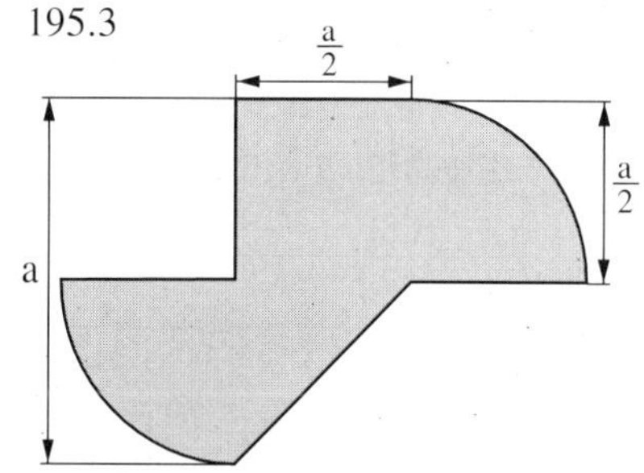

196 Gegeben ist die Strecke $\overline{AB}$.

196.1 Teilen Sie die Strecke $\overline{AB}$ konstruktiv in 7 gleiche Teile!

196.2 Ermitteln Sie konstruktiv einen Punkt C auf der Geraden (AB) so, dass gilt: $|\overline{AB}| : |\overline{BC}| = 7:9$!

196.3 Ermitteln Sie konstruktiv einen Punkt D auf der Geraden (AB) so, dass gilt: $|\overline{AD}| : |\overline{AB}| = 5:4$!

197 Gegeben ist nebenstehendes Quadrat. Es habe den Umfang U und den Flächeninhalt A.

197.1 Konstruieren Sie je ein Quadrat mit dem Umfang $4U$, $\frac{1}{4}U$ bzw. $2U$!

197.2 Konstruieren Sie je ein Quadrat mit dem Inhalt $4A$, $2A$ bzw. $\frac{1}{2}A$!

197.3 Wandeln Sie konstruktiv das gegebene Quadrat in ein flächengleiches Rechteck um, dessen eine Seite die Länge $\frac{1}{8}U$ (bezogen auf den Umfang U des gegebenen Quadrates) besitzt!

198 Gegeben ist ein rechtwinkliges Dreieck mit der Hypotenuse c.

198.1 Berechnen Sie Umfang und Flächeninhalt des Umkreises von Δ ABC!

198.2 Berechnen Sie den Inhalt der Fläche (in Abhängigkeit von c), die das Dreieck ABC höchstens annehmen kann (Begründung)! Beschreiben Sie das Dreieck näher!

199 Ergänzen Sie die nachfolgende Tabelle mit Bezug auf die nebenstehende Figur:

Radius r	4 cm	6,8 cm	16,8 cm		
Kreisbogen b		22 cm			74 cm
Flächeninhalt des Kreisausschnitts A_d			162 cm²	24,2 cm²	
Zentriwinkel des Kreisausschnitts α	60°			12,5 °	124°

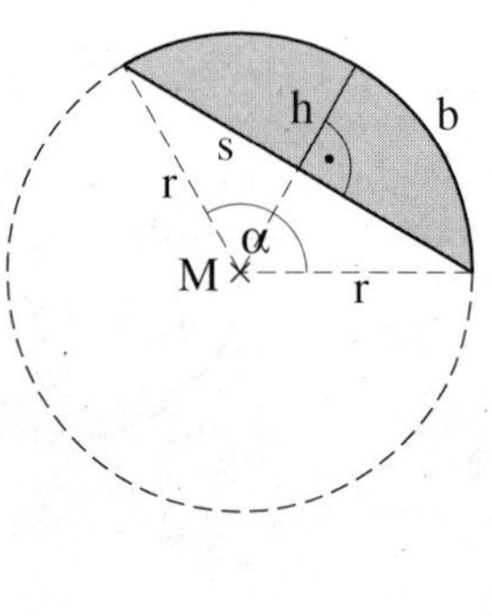

Starthilfe

Lösungsheft

PAETEC

Inhalt

Hilfsmittelfreies Rechnen mit natürlichen und rationalen Zahlen

1

	x	y	x + y	x − y	y − x	$\lvert x\rvert - \lvert y\rvert$	$(x+y)^2$	$(x-y)^2$	x · y	x : y	$\frac{1}{x}\cdot\frac{1}{y}$	$3x^2 - y$
1.1	2	5	**7**	**−3**	**3**	**−3**	**49**	**9**	**10**	**0,4**	$\frac{1}{10}$	**7**
1.2	−6	5	**−1**	**−11**	**11**	**1**	**1**	**121**	**−30**	**−1,2**	$-\frac{1}{30}$	**103**
1.3	−12	−7	**−19**	**−5**	**5**	**5**	**361**	**25**	**84**	$\frac{12}{7}$	$\frac{1}{84}$	**439**
1.4	−8	0	**−8**	**−8**	**8**	**8**	**64**	**64**	**0**	**n. l.**	**n. l.**	**192**
1.5	0	1	**1**	**−1**	**1**	**−1**	**1**	**1**	**0**	**0**	**n. l.**	**−1**
1.6	0	0	**0**	**0**	**0**	**0**	**0**	**0**	**0**	**n. l.**	**n. l.**	**0**
1.7	**8**	−2	6	**10**	**−10**	**6**	**36**	**100**	**−16**	**−4**	$-\frac{1}{16}$	**194**
1.8	**10**	**2**	12	8	**−8**	**8**	**144**	**64**	**20**	**5**	$\frac{1}{20}$	**288**
1.9	**3**	**−4**	−1	**7**	−7	**−1**	**1**	**49**	**−12**	$-\frac{3}{4}$	$-\frac{1}{12}$	**31**
1.10	$\frac{1}{2}$	$\frac{1}{4}$	$\frac{3}{4}$	$\frac{1}{4}$	$-\frac{1}{4}$	$\frac{1}{4}$	$\frac{9}{16}$	$\frac{1}{16}$	$\frac{1}{8}$	**2**	**8**	$\frac{1}{2}$
1.11	−0,4	1,6	**1,2**	**−2**	**2**	**−1,2**	**1,44**	**4**	**−0,64**	$-\frac{1}{4}$	$-\frac{25}{16}$	**−1,12**
1.12	3	$\frac{1}{3}$	$\frac{10}{3}$	$\frac{8}{3}$	$-\frac{8}{3}$	$\frac{8}{3}$	$\frac{100}{9}$	$\frac{64}{9}$	**1**	**9**	**1**	$\frac{80}{3}$
1.13	0,6	−5	**−4,4**	**5,6**	**−5,6**	**−4,4**	**19,36**	**31,36**	**−3**	$-\frac{6}{50}$	$-\frac{1}{3}$	**6,08**
1.14	$(-1)^9$	$(-1)^8$	**0**	**−2**	**2**	**0**	**0**	**4**	**−1**	**−1**	**−1**	**2**
1.15	$(-\frac{1}{3})^2$	$\frac{1}{2}$	$\frac{11}{18}$	$-\frac{7}{18}$	$\frac{7}{18}$	$-\frac{7}{18}$	$\frac{121}{324}$	$\frac{49}{324}$	$\frac{1}{18}$	$\frac{2}{9}$	18	$-\frac{25}{54}$

2

	Gleichung	Lösungsmenge in			
		$\mathbb{N}$	$\mathbb{Q}_+$	$\mathbb{Z}$	$\mathbb{Q}$
2.1	x − 2 = 9	**11**	**11**	**11**	**11**
2.2	x + 2 = 9	**7**	**7**	**7**	**7**
2.3	x + 9 = 2	**Ø**	**Ø**	**−7**	**−7**
2.4	3x + 2 = 9	**Ø**	$\frac{7}{3}$	**Ø**	$\frac{7}{3}$
2.5	3x + 2 = −10	**Ø**	**Ø**	**−4**	**−4**
2.6	5x = 0	**0**	**0**	**0**	**0**
2.7	$\lvert x + 2\rvert = 9$	**7**	**7**	**7; −11**	**7; −11**
2.8	$\lvert x - 2\rvert = 9$	**11**	**11**	**11; −7**	**11; −7**
2.9	$x^2 = 6{,}25$	**Ø**	**2,5**	**Ø**	**2,5; −2,5**
2.10	$x^3 = -8$	**Ø**	**Ø**	**−2**	**−2**

3

3.1 falsch 3.2 falsch 3.3 falsch 3.4 falsch
3.5 wahr 3.6 wahr 3.7 falsch 3.8 wahr
3.9 falsch 3.10 falsch 3.11 falsch 3.12 falsch

4

4.1 $\frac{8}{11}$ 4.2 $\frac{6}{17}$ 4.3 4 4.4 $\frac{2}{3}$ 4.5 $\frac{1}{6}$
4.6 14 4.7 14,14 4.8 −0,75 4.9 −5,4 4.10 2
4.11 1 4.12 $\frac{9}{5}$ 4.13 $\frac{13}{6}$ 4.14 2 4.15 0
4.16 1,002 4.17 10,02 4.18 0,1002 4.19 75 4.20 −225
4.21 $\frac{5}{4}$ 4.22 20 4.23 −56 4.24 $\frac{49}{25}$ 4.25 $\frac{169}{196}$
4.26 $\frac{4}{9}$ 4.27 $\frac{49}{9}$

5

5.1 ≈ 6 5.2 ≈ 7 5.3 ≈ 620 5.4 ≈ 0,2 5.5 ≈ 8,1
5.6 ≈ 0,1 5.7 ≈ 900 5.8 ≈ 0,1 5.9 ≈ 7 5.10 ≈ 0,15
5.11 ≈ 17 5.12 ≈ −30 5.13 ≈ 1 5.14 ≈ 16 5.15 ≈ 3

6

gemeiner Bruch	$\frac{1}{2}$	$\boldsymbol{\frac{3}{4}}$	$\boldsymbol{\frac{1}{5}}$	$\frac{1}{3}$	$\boldsymbol{\frac{1}{10}}$	$\boldsymbol{\frac{2}{3}}$	$\frac{3}{2}$	$\boldsymbol{\frac{1}{20}}$	$\boldsymbol{\frac{1}{100}}$	2
Dezimalbruch	**0,5**	0,75	**0,2**	**$0,3\overline{3}$**	0,1	**$0,6\overline{6}$**	**1,5**	0,05	**0,01**	**2**
Prozentsatz	**50 %**	**75 %**	20 %	**$33\frac{1}{3}$ %**	**10 %**	$66,\overline{6}$ %	**150 %**	**5 %**	1 %	**200 %**

7

7.1 10 Euro 7.2 14,4 cm 7.3 0,133 hl 7.4 69,2 kg
7.5 0,8 dt 7.6 60 Euro 7.7 42,5 km 7.8 5 100 cm^2
7.9 0,05 g 7.10 18 l 7.11 4,8 m^2 7.12 12,6 t

8

8.1 1 % 8.2 20 % 8.3 ≈ 71,43 % 8.4 49 %
8.5 120 % 8.6 46 % 8.7 8 % 8.8 125 %
8.9 12,5 % 8.10 ≈ 0,0137 % 8.11 2,5 % 8.12 5 %
8.13 9 % 8.14 $16\frac{2}{3}$ % 8.15 $6\frac{2}{3}$ %

9

9.1 690 Euro 9.2 60 Euro 9.3 109 ha 9.4 86,06 km
9.5 1 490 l 9.6 890 m 9.7 ≈ 4 083 Euro 9.8 ≈ $10\frac{2}{3}$ t
9.9 21 000 h 9.10 ≈ 44,36 hl 9.11 9,6 km 9.12 168 m^2
9.13 22,2 m^2 9.14 1 000 Euro 9.15 8 000 a

10

10.1 a) 1 664
b) 1 712
c) 1792

10.2 a) 2 000
b) 1 648
c) 1856

10.3 a) 1 200
b) 1 280
c) 1 520

10.4 a) 1 360
b) 1 568
c) 1 400

10.5 a) 1 584
b) ≈ 1 599
c) 1 575

10.6 a) 1 584
b) ≈ 1 599
c) 1 575

10.7 ≈ 1 548

10.8 1 500

11

a) keine Proportionalität

b) direkte Proportionalität
$x \longrightarrow \frac{1}{4}x$

c) umgekehrte Proportionalität
$x \longrightarrow \frac{1}{x}$

d) keine Proportionalität

e) direkte Proportionalität
$x \longrightarrow 3x$

12

12.1 x = 11
12.2 x = 31,25
12.3 x = 20
12.4 x = 90
12.5 x = 9,5
12.6 x = 28
12.7 x = 0,01
12.8 x = 96
12.9 x = 41,7
12.10 x = 0,355
12.11 x = 120
12.12 x = –0,75
12.13 x = 5
12.14 x = 5
12.15 x = 7,5

13

13.1 Maßstab 1 : 50 000

Länge auf der Karte	1 cm	4 cm	9 cm	1,5 cm	6,5 cm	8,1 cm	**10 cm**	**14,4 cm**
Länge in Wirklichkeit	**500 m**	**2 km**	**4,5 km**	**750 m**	**3,25 km**	**4,05 km**	5 km	7,2 km

13.2 Maßstab 1 : 200 000

Länge auf der Karte	1 cm	2,5 cm	11 cm	**20 cm**	**50 cm**	**4 cm**	**0,25 cm**	120 cm
Länge in Wirklichkeit	**2 km**	**5 km**	**22 km**	40 km	100 km	8 km	500 m	**240 km**

13.3 Maßstab 250 : 1

Größe des Originals	**250 cm**	**750 cm**	0,1 km	0,25 km	125 m	50 m	625 m	**500 m**
Größe des Bildes	1 cm	3 cm	**40 cm**	**1 m**	**50 cm**	**20 cm**	**2,5 m**	2 m

14

14.1 $7 \cdot 10^{2}$
14.2 $3{,}68 \cdot 10^{5}$
14.3 $6{,}8 \cdot 10^{-1}$
14.4 $4{,}176 \cdot 10^{-3}$
14.5 $7{,}08 \cdot 10^{10}$
14.6 $9{,}99 \cdot 10^{-3}$
14.7 $4{,}31 \cdot 10^{-4}$
14.8 $6{,}289 \cdot 10^{0}$
14.9 $3{,}91 \cdot 10^{3}$
14.10 $7{,}92 \cdot 10^{-4}$
14.11 $1{,}74 \cdot 10^{1}$
14.12 $4{,}27 \cdot 10^{3}$
14.13 $1{,}2 \cdot 10^{-1}$
14.14 $6{,}92 \cdot 10^{5}$
14.15 $7{,}2 \cdot 10^{-5}$

15

15.1 0,00000048 m
15.2 148 000 000 km²
15.3 0,0002 s
15.4 0,015 mm
15.5 2 630 °C
15.6 0,0032 km

16

16.1	50 000 g	16.2	170 dm	16.3	17 dm^2	16.4	42 500 cm^3
16.5	30 min	16.6	4 000 kg	16.7	700 l	16.8	1 400 a
16.9	0,8 mm	16.10	700 000 m^3	16.11	120 g	16.12	18 400 m
16.13	200 mg	16.14	5,5 $\frac{m}{s}$	16.15	864 000 Ws		

17

17.1	0,084 t (0,84 dt)	17.2	0,073 km	17.3	0,0042 a	17.4	0,0758 m^3
17.5	1,25 h	17.6	3,7 t	17.7	0,08 hl	17.8	0,31 km^2
17.9	0,003 dm	17.10	0,00072 dm^3	17.11	0,2 g	17.12	43,2 $\frac{km}{h}$
17.13	12,8 kg	17.14	1,4 hl	17.15	16 min		

18

18.1	81 300 000 mg	18.2	190 000 m^2	18.3	1 350 dm^3	18.4	10^{-6} mm
18.5	10^{-4} cm	18.6	25 000 cm^3	18.7	5 400 s	18.8	70 000 g
18.9	0,087 m^2	18.10	0,005 m^3	18.11	7,5 d	18.12	0,14 kg
18.13	$6\frac{2}{3}$ h	18.14	20 $\frac{m}{s}$	18.15	5 cl		

Rechnen mit gemeinen Brüchen und Dezimalbrüchen

19

19.1	$\frac{7}{4} \boxed{>} \frac{2}{3}$	19.2	$\frac{7}{18} \boxed{<} \frac{5}{12}$	19.3	$\frac{7}{9} \boxed{>} \frac{3}{4}$	19.4	$\frac{4}{3} \boxed{<} \frac{7}{5}$	19.5	$\frac{15}{35} \boxed{<} \frac{8}{14}$
19.6	$\frac{7}{8} \boxed{>} \frac{5}{6}$	19.7	$\frac{13}{20} \boxed{>} \frac{9}{14}$	19.8	$\frac{8}{30} \boxed{=} \frac{12}{45}$	19.9	$\frac{8}{30} \boxed{<} \frac{5}{18}$	19.10	$\frac{11}{24} \boxed{>} \frac{7}{18}$

20

$\frac{5}{64} < \frac{5}{16} = \frac{10}{32} < \frac{1}{2} < \frac{18}{32} = \frac{9}{16} < \frac{12}{16} < \frac{60}{64} < 1 < 1\frac{1}{8} < \frac{7}{4} < 2$

21

21.1	$\frac{17}{12}$	21.2	$\frac{22}{15}$	21.3	$\frac{1}{18}$	21.4	n. l.	21.5	$\frac{25}{16}$
21.6	$\frac{49}{12}$	21.7	1	21.8	$\frac{42}{75}$	21.9	$\frac{10}{3}$	21.10	$\frac{1}{2}$

22

22.1	$\frac{3}{2} - \mathbf{\frac{5}{4}} = \frac{1}{4}$	22.2	$\frac{5}{6} + \mathbf{\frac{1}{12}} = \frac{11}{12}$	22.3	$\frac{4}{5} \cdot \mathbf{\frac{3}{2}} = \frac{6}{5}$	22.4	$\mathbf{\frac{7}{6}} - \frac{3}{5} = \frac{17}{30}$	22.5	$\frac{3}{8} + \mathbf{\frac{7}{40}} = \frac{11}{20}$
22.6	$\mathbf{\frac{16}{63}} + \frac{2}{9} = \frac{10}{21}$	22.7	$\mathbf{\frac{4}{5}} \cdot \frac{25}{12} = \frac{5}{3}$	22.8	$\frac{9}{16} - (-\mathbf{\frac{1}{48}}) = \frac{7}{12}$	22.9	$\mathbf{\frac{15}{7}} : \frac{20}{7} = \frac{3}{4}$	22.10	$\mathbf{\frac{11}{36}} + \frac{5}{12} = \frac{13}{18}$

23

23.1	$\mathbf{0} < \frac{4}{5} < \mathbf{1}$	23.2	$\mathbf{2} < \frac{13}{6} < \mathbf{3}$	23.3	$\mathbf{1} < 1\frac{2}{3} < \mathbf{2}$	23.4	$\mathbf{3} < \frac{16}{4} < \mathbf{5}$	23.5	$\mathbf{6} < 6\frac{8}{4} < \mathbf{9}$
23.6	$\mathbf{0} < \frac{1}{84} < \mathbf{1}$	23.7	$\mathbf{19} < \frac{39}{2} < \mathbf{20}$	23.8	$\mathbf{0} < \frac{7}{11} < \mathbf{1}$	23.9	$\mathbf{1} < 1\frac{1}{4} < \mathbf{2}$	23.10	$\mathbf{1} < \frac{31}{20} < \mathbf{2}$

24

24.1 0,38	24.2 1,4	24.3 0,85	24.4 0,52	24.5 0,375
24.6 2,8	24.7 2,28	24.8 $0,\overline{4}$	24.9 $1,\overline{5}$	24.10 $0,\overline{6}$
24.11 6,75	24.12 0,84375	24.13 27,0	24.14 $27,\overline{3}$	24.15 $2,0\overline{5}$

25

25.1 $\frac{2}{5}$	25.2 $\frac{16}{25}$	25.3 $\frac{78}{25} = 3\frac{3}{25}$	25.4 $\frac{111}{25} = 4\frac{11}{25}$	25.5 $\frac{38}{25} = 1\frac{13}{25}$
25.6 $\frac{36}{5} = 7\frac{1}{5}$	25.7 $\frac{27}{50}$	25.8 $\frac{73}{20} = 3\frac{13}{20}$	25.9 $\frac{251}{125} = 2\frac{1}{125}$	25.10 $\frac{9}{1250}$

26

26.1 $\frac{8}{3} = 2\frac{2}{3} = 2,\overline{6}$	26.2 $\frac{3}{2} = 1\frac{1}{2} = 1,5$	26.3 $\frac{3}{1} = 3$
26.4 $\frac{1}{1} = 1$	26.5 $\frac{4}{25} = 0,16$	26.6 $\frac{6}{1} = 6$
26.7 0	26.8 n. d.	26.9 1
26.10 $\frac{387}{20} = 19\frac{7}{20} = 19,35$	26.11 $\frac{17}{56} = 0,303\overline{571428}$	26.12 $53,465 = \frac{10693}{200} = 53\frac{93}{200}$
26.13 $\frac{87}{40} = 2\frac{7}{40} = 2,175$	26.14 $\frac{31}{32} = 0,96875$	26.15 $12,795 = 12\frac{159}{200} = \frac{2559}{200}$
26.16 $\frac{258}{5} = 51\frac{3}{5} = 51,6$	26.17 $\frac{121}{32} = 3\frac{25}{32} = 3,78125$	26.18 $-\frac{3}{5} = -0,6$

27

27.1 $1\frac{5}{6}$	27.2 $\frac{5}{2}$	27.3 12	27.4 $\frac{1}{3}$	27.5 $\frac{3}{7}$	27.6 0
27.7 n. d.	27.8 $2\frac{4}{19}$	27.9 0,34	27.10 0,13	27.11 10	27.12 1

28

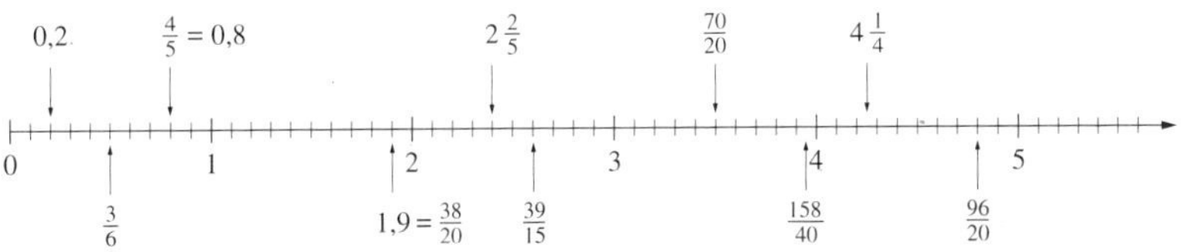

29

$8,7 > 7,8 = 7\frac{4}{5} > \frac{124}{40} > 2\frac{1}{4} > \frac{6}{5} = 1,2 > \frac{5}{6} > \frac{9}{13} > \frac{4}{13} > \frac{1}{6} > \frac{4}{26} > 0$

30

30.1 6,5	30.2 $\frac{4}{9}$	30.3 $2\frac{1}{3}$	30.4 $7\frac{5}{6}$	30.5 $18\frac{8}{15}$	30.6 $\frac{14}{9}$
30.7 2,2	30.8 6	30.9 10	30.10 $\frac{2}{3}$	30.11 3,7	30.12 2

31

31.1 z.B. $\frac{29}{46}$	31.2 z.B. $\frac{9}{35}$	31.3 z.B. $\frac{8}{15}$	31.4 z.B. $\frac{115}{77}$	31.5 z.B. $\frac{181}{80}$
31.6 z.B. $10\frac{5}{100} = \frac{1005}{100}$	31.7 z.B. $\frac{831}{1000}$	31.8 z.B. $\frac{281}{200}$	31.9 z.B. $\frac{199}{60}$	31.10 nicht mögl.

Rechnen mit rationalen und nichtrationalen Zahlen

32

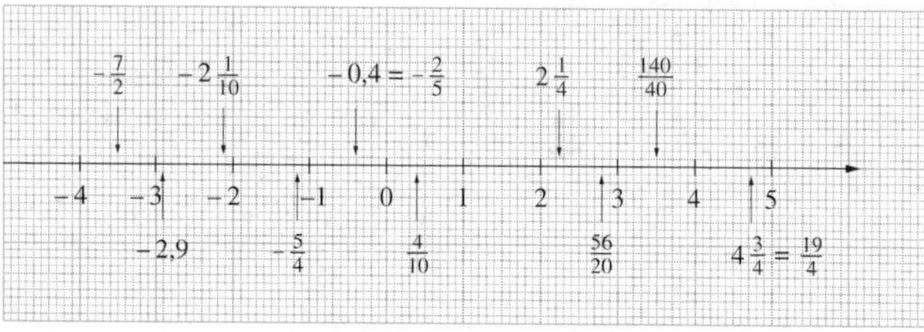

33

33.1

A	(3; 7)	B	(1; 5)
C	(2; 5)	D	(0; 3)
E	(1; 3)	F	(–1; 1)
G	(2; 1)	H	(2; –2)
I	(4; –2)	K	(4; 1)
L	(7; 1)	M	(5; 3)
N	(6; 3)	O	(4; 5)
P	(5; 5)		

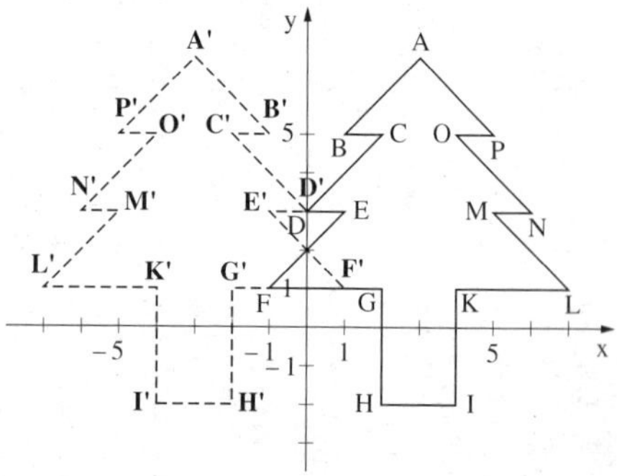

33.2

A'	(–3; 7)	B'	(–1; 5)	C'	(–2; 5)	D'	(0; 3)	E'	(–1; 3)
F'	(1; 1)	G'	(–2; 1)	H'	(–2; –2)	I'	(–4; –2)	K'	(–4; 1)
L'	(–7; 1)	M'	(–5; 3)	N'	(–6; 3)	O'	(–4; 5)	P'	(–5; 5)

33.3

A"	(3; –7)	B"	(1; –5)	C"	(2; –5)	D"	(0; –3)	E"	(1; –3)
F"	(–1; –1)	G"	(2; –1)	H"	(2; 2)	I"	(4; 2)	K"	(4; –1)
L"	(7; –1)	M"	(5; –3)	N"	(6; –3)	O"	(4; –5)	P"	(5; –5)

34

$15\frac{3}{4} > 14{,}1 > \frac{47}{5} > 5{,}02 > 2\frac{1}{3} > 0{,}1 > -\frac{1}{10} > -\frac{14}{10} > -2{,}4 > -2\frac{4}{5} > -\frac{29}{10} > -\frac{70}{5} > -14\frac{1}{10}$

35

35.1 $5^2 = \mathbf{25}$	35.2 $2^{-3} = \mathbf{\frac{1}{8}}$	35.3 $\sqrt{100} = \mathbf{10}$
35.4 $\sqrt[3]{8} = \mathbf{2}$	35.5 lg 100 = **2**	35.6 lg 0,01 = **–2**

36

36.1.1	1	36.1.2	9	36.1.3	81	36.1.4	25
36.1.5	216	36.1.6	16	36.1.7	32	36.1.8	64
36.1.9	0,09	36.1.10	0,0625	36.1.11	0,000001	36.1.12	0,0036

36.2.1	$\frac{1}{3}$	36.2.2	1	36.2.3	128	36.2.4	256
36.2.5	$\frac{1}{9}$	36.2.6	3	36.2.7	$\frac{1}{27}$	36.2.8	3
36.2.9	7	36.2.10	0,6	36.2.11	25	36.2.12	0,2

36.3.1	4	36.3.2	3	36.3.3	5	36.3.4	$\frac{3}{4}$
36.3.5	$\frac{2}{5}$	36.3.6	0	36.3.7	1	36.3.8	n.d.
36.3.9	0,2	36.3.10	200	36.3.11	1,2	36.3.12	0,12
36.4.1	$\frac{1}{b^2}$	36.4.2	$\sqrt{a}$	36.4.3	n.d.	36.4.4	1
36.4.5	$1, k \neq 0$	36.4.6	a	36.4.7	25	36.4.8	64
36.4.9	$\frac{1}{8}$	36.4.10	$\sqrt[4]{4} = \sqrt{2}$	36.4.11	5	36.4.12	2,25
36.5.1	$\frac{1}{x+y}$	36.5.2	1, falls $x \neq -y$	36.5.3	$\frac{1}{(x+y)^2}$	36.5.4	$\sqrt{x+y}$
36.5.5	$\frac{1}{\sqrt{x+y}}$	36.5.6	$\lvert x\rvert$	36.5.7	x^3, falls $x \geq 0$	36.5.8	$\lvert x^3\rvert$
36.5.9	$\sqrt[3]{x}$, $x \geq 0$	36.5.10	n. zu vereinfachen	36.5.11	ax^2, falls $a \geq 0$	36.5.12	$0{,}2x^2$
36.6.1	9	36.6.2	$\frac{9}{16}$	36.6.3	$\frac{1}{144}$	36.6.4	9
36.6.5	$\frac{4}{a^2}$	36.6.6	$\frac{a^2}{4}$	36.6.7	$\frac{1}{2}\lvert a\rvert$	36.6.8	−8
36.6.9	$\frac{1}{8}$	36.6.10	$-\frac{1}{8}$	36.6.11	−1 000	36.6.12	−1 000
36.7.1	4	36.7.2	−3	36.7.3	n.d.	36.7.4	0
36.7.5	n.d.	36.7.6	−4	36.7.7	−2	36.7.8	$-\frac{1}{2}$
36.7.9	$\frac{1}{2}$	36.7.10	0	36.7.11	6	36.7.12	5
36.8.1	0	36.8.2	2	36.8.3	−2	36.8.4	−3
36.8.5	7	36.8.6	3	36.8.7	7	36.8.8	2
36.8.9	0	36.8.10	1	36.8.11	10x	36.8.12	x + 1
36.9.1	$\frac{1}{2}$	36.9.2	$\frac{1}{2}$	36.9.3	$-\frac{1}{2}$	36.9.4	−1
36.9.5	n. zu vereinfachen	36.9.6	$2\lg(a+b)$	36.9.7	$\lg(a+b) + \lg(a-b)$	36.9.8	$\lg 3 + 2\lg x$
36.9.9	$\lg u - \lg v$	36.9.10	$\frac{1}{2}\lg(1+x)$	36.9.11	$\lg(3\sqrt{5})$	36.9.12	$\lg\sqrt{15}$

37

37.1	81	37.2	25	37.3	−3	37.4	n.d.	37.5	$\frac{1}{81}$
37.6	2	37.7	2	37.8	1	37.9	−2	37.10	0
37.11	1	37.12	n.l.	37.13	n.l.	37.14	$\frac{1}{4}$	37.15	3
37.16	−2	37.17	−3	37.18	4	37.19	$\frac{2}{3}$	37.20	1
37.21	−1,44	37.22	1	37.23	$\sqrt{2}$	37.24	1	37.25	4
37.26	$\frac{49}{4}$	37.27	2	37.28	2	37.29	0	37.30	16
37.31	0	37.32	n.d.						

38

	o	p	q	r	$\|o\|$	$\sqrt{p}$	q^3	$\frac{o+p}{q \cdot r}$	$\frac{o-p}{q-r}$	$\sqrt{op} - \sqrt{qr}$	lg o – lg p	$\sqrt{r} + 2 \lg q$
38.1	0	1	2	3	**0**	**1**	**8**	**0,17**	**1**	**–1,45**	**n.d.**	**2,33**
38.2	–4	–2	0	4	**4**	**n.d.**	**0**	**n.d.**	**0,5**	**2,83**	**n.d.**	**n.d.**
38.3	–2,5	$\frac{1}{2}$	3	–8	**2,5**	**0,71**	**27**	**0,08**	**–0,27**	**n.d.**	**n.d.**	**n.d.**
38.4	1,25	$\frac{1}{3}$	–0,7	0,8	**1,25**	**0,58**	**–0,34**	**–2,83**	**–0,61**	**n.d.**	**–2,00**	**n.d.**
38.5	$2\frac{1}{2}$	–0,1	–0,1	–0,1	**2,5**	**n.d.**	**–0,001**	**240**	**n.d.**	**n.d.**	**n.d.**	**n.d.**
38.6	14,5	0	0	–2	**14,5**	**0**	**0**	**n.d.**	**1,31**	**n.d.**	**n.d.**	**n.d.**
38.7	$\sqrt{1}$	$\sqrt{2}$	$\sqrt{3}$	$\sqrt{4}$	**1**	**1,19**	**5,20**	**0,70**	**1,55**	**–4,30**	**–0,15**	**1,89**
38.8	1	2	–3	lg 4	**1**	**1,41**	**–27**	**–1,11**	**0,28**	**n.d.**	**–0,30**	**n.d.**
38.9	$\sqrt{5}$	lg 5	5	–5	**2,24**	**0,84**	**125**	**–0,12**	**0,15**	**n.d.**	**0,51**	**n.d.**
38.10	lg 0	$\sqrt{10}$	10^2	10^3	**n.d.**	**1,78**	$\mathbf{10^6}$	**n.d.**	**n.d.**	**n.d.**	**n.d.**	**35,62**

39

39.1 $5^3 \cdot 5^6 = \mathbf{5^9}$, denn $a^m \cdot a^n = \mathbf{a^{m+n}}$

39.2 $\frac{4^7}{4^3} = \mathbf{4^4}$, denn $\frac{a^m}{a^n} = \mathbf{a^{m-n}}$

39.3 $(3 \cdot 172)^2 = \mathbf{3^2 \cdot 172^2}$, denn $(a \cdot b)^n = \mathbf{a^n \cdot b^n}$

39.4 $(4^5)^2 = \mathbf{4^{10}}$, denn $(a^b)^c = \mathbf{a^{b \cdot c}}$

39.5 $a^{\frac{2}{7}} = \mathbf{\sqrt[7]{a^2}}$, denn $a^{\frac{m}{n}} = \mathbf{\sqrt[n]{a^m}}$

39.6 $\sqrt{7} \cdot \sqrt{3} = \mathbf{\sqrt{21}}$, denn $\sqrt[n]{a} \cdot \sqrt[n]{b} = \mathbf{\sqrt[n]{a \cdot b}}$

39.7 $\frac{\sqrt[4]{11}}{\sqrt[4]{17}} = \mathbf{\sqrt[4]{\frac{11}{17}}}$, denn $\frac{\sqrt[m]{a}}{\sqrt[m]{b}} = \mathbf{\sqrt[m]{\frac{a}{b}}}$

39.8 $(\sqrt[3]{5})^4 = \mathbf{\sqrt[3]{5^4}}$, denn $(\sqrt[n]{a})^m = \mathbf{\sqrt[n]{a^m}}$

39.9 $\sqrt[3]{7} \cdot \sqrt[4]{7} = \mathbf{\sqrt[12]{7}}$, denn $\sqrt[m]{a} \cdot \sqrt[n]{a} = \mathbf{\sqrt[m \cdot n]{a}}$

40

40.1 4^{20} 40.2 21^8 40.3 $9^2 = 81$ 40.4 $\frac{1}{3^{24}}$ 40.5 4^6

40.6 1 40.7 4^6 40.8 12^{18} 40.9 $3^{7\sqrt{2}}$ 40.10 2^8

40.11 $0{,}2^{\frac{5}{4}}$ 40.12 6,4 40.13 $\frac{3}{5}$ 40.14 $(\frac{1}{4})^{\frac{1}{7}} = 4^{\frac{1}{7}}$ 40.15 $(\frac{27}{8})^{-3} = (\frac{8}{27})^3$

40.16 $(\frac{27}{8})^{\frac{1}{2}} = \frac{3}{2}\sqrt{\frac{3}{2}}$ 40.17 $10^{\frac{5}{6}}$ 40.18 $\frac{4}{7}$

41

41.1 wahr 41.2 falsch; $\frac{1}{2}$ 41.3 falsch; $\sqrt{10}$

41.4 falsch; $\sqrt[10]{356}$ 41.5 wahr 41.6 falsch; 2^{2n+2}

41.7 falsch; 2^{-z} 41.8 falsch; $3a^{-1}$ 41.9 falsch; $e^{2x} - e^{-2x}$

42

42.1	a^2	42.2	$2(4a-3b)$	42.3	$\frac{1}{x}$
42.4	a^2+b^2	42.5	$a+7b^2$	42.6	x^2
42.7	$a-3$	42.8	$3b-2$	42.9	$\frac{\sqrt{x-1}}{x-2}$

43

43.1	$3x$	43.2	$144a$	43.3	ab
43.4	$\sqrt{b}$	43.5	$-2xy\sqrt{x}$	43.6	$\sqrt{x+1}$
43.7	x^{-2}	43.8	$2x^3\cdot\sqrt[3]{4}$	43.9	$2ab^2c^6$
43.10	$2x^3y^6\sqrt{2}$	43.11	$\sqrt[6]{a}\,\sqrt{x}$	43.12	$\frac{1}{m}\sqrt{\frac{n}{m}}$
43.13	$x^2\sqrt{x}$	43.14	$\frac{1}{t}\cdot\sqrt[6]{t}$	43.15	$\sqrt[12]{y}$
43.16	$x+2\sqrt{xy}+y$	43.17	a^2-b	43.18	2

44

44.1	$\frac{2}{3}$	44.2	$\frac{\sqrt{3}}{3}$	44.3	$\frac{\sqrt{a}}{a}$	44.4	$\frac{\sqrt{30}}{6}$	44.5	$\frac{\sqrt{xy}}{y}$
44.6	$\frac{a\sqrt{ab}}{b^3}$	44.7	$\frac{2\sqrt{7}}{5}$	44.8	1	44.9	$\frac{\sqrt{nm}}{m^2}$	44.10	$\frac{4+\sqrt{2}}{14}$
44.11	$\frac{\sqrt{6}}{3}$	44.12	$\frac{\sqrt[3]{18}}{3}$	44.13	$\frac{\sqrt[4]{8}}{2}$	44.14	$\frac{\sqrt[4]{250}}{5}$	44.15	$\frac{x}{2}\sqrt[3]{2x}$
44.16	$\frac{x}{y}\sqrt[4]{3y}$	44.17	$15\sqrt[3]{25a^2}$	44.18	$\frac{\sqrt{2b}}{4b}$	44.19	$\frac{3}{7}\sqrt[4]{49x}$	44.20	$\frac{\sqrt[5]{a^3b^2}}{b}$

45

45.1	$2\sqrt{6}$	45.2	$2\sqrt[3]{4}$	45.3	$3a\sqrt[3]{a}$	45.4	$xy^2\sqrt{x}$
45.5	$\frac{1}{xy}\sqrt[6]{x^{-5}y^{-1}}$	45.6	$a(x+y)^2\sqrt{a(x+y)}$	45.7	$x^2y^4z\sqrt[3]{z}$	45.8	$2x+2$
45.9	$(a+b)\sqrt{a-b}$	45.10	$(a-1)\sqrt{a+1}$				

46

46.1	$x=2$	46.2	$x=1$	46.3	n.l.	46.4	$x=0$	46.5	$x=4$
46.6	n.l.	46.7	$x=-4$	46.8	$x=\frac{1}{2}$	46.9	$x=\frac{3}{7}$	46.10	n.l.
46.11	$x=-3$	46.12	n.l.	46.13	$x=-6$	46.14	$x=2$	46.15	$x=2$
46.16	$x=2$								

47

47.1	$\log_2(5\cdot 3)=\log_2 5+\log_2 3$	, denn	$\log_a(b\cdot c)=\log_a b+\log_a c$
47.2	$\log_3(7^3)=3\cdot\log_3 7$	, denn	$\log_a(b^c)=c\cdot\log_a b$
47.3	$\log_4(\frac{5}{16})=\log_4 5-\log_4 16$	, denn	$\log_a(\frac{b}{c})=\log_a b-\log_a c$
47.4	$\log_5(\sqrt{2})=\frac{1}{2}\log_5 2$	, denn	$\log_a(\sqrt[m]{b})=\frac{1}{m}\log_a b$

48

48.1	2	48.2	$\log_4 \frac{1}{18}$	48.3	–	48.4	$\log_3 27 = 3$	48.5	6
48.6	28	48.7	$\frac{3}{4}$	48.8	18	48.9	$\lg x$	48.10	$-\frac{1}{2} \lg a$
48.11	$-\lg x$	48.12	2	48.13	$2 \cdot \lg \frac{x}{y}$	48.14	$\lg \frac{a}{b}$	48.15	$\lg \sqrt[3]{\frac{x}{y^3}} = \frac{1}{3} \lg \frac{x}{y^3}$

49

	1	2	3	4	5	6	7	8	9	10	11	12
Grundwert G in km	38,4	**876**	40 000	**0,876**	0,024	234,432	3 340	666	440	**1 010,1**	**$14,1\overline{6}$**	2,9
Prozentsatz p in %	**21**	45	0,278	25	75	**50**	$37\frac{1}{2}$	$66\frac{2}{3}$	**4,5**	99	120	443
Prozentwert W in km	8,064	394,2	**111,2**	0, 219	**0,018**	117,216	**1 252,5**	**444**	19,8	1 000	17	**12,847**

	13	14	15	16	17	18
Grundwert G	12 400 l	456 €	**36 cm**	55 kg	9 870 €	**400 l**
Prozentsatz p	**6 %**	**18 %**	14 %	14 %	**25 %**	20 %
Prozentwert W	**744 l**	**82,08 €**	**5,04 cm**	**7,7 kg**	**2 467,5 €**	80 l
erhöhter Grundwert G + W	13 144 l	538,08 €	41,04 cm	**62,7 kg**	12 337,5 €	**480 l**

	19	20	21	22	23	24
Kapital in €	2 468	6 228	**24 840**	**8 000**	7 000	1 111
Zinssatz in %	3,6	**4,75**	$6\frac{3}{4}$	$4\frac{1}{2}$	$5\frac{2}{5}$	**11 %**
Jahreszins in €	**88,85**	295,83	1 676,7	**360**	**378**	122,21
Zeit in d	45	**66**	270	1	1	**111**
Zins in €	**11,11**	54,24	**1 257,53**	1	**1,05**	37,68

(Beachte: 1 Bankjahr ≙ 360 d)

50

50.1 keine Proportionalität

50.2 umgekehrte Proportionalität
$a \longrightarrow \frac{1}{a}$

50.3 keine Proportionalität

50.4 umgekehrte Proportionalität
$e \longrightarrow \frac{200}{e}$

50.5 direkte Proportionalität
$g \longrightarrow 80\,g$

50.6 direkte Proportionalität
$s \longrightarrow 15{,}5\,s$

50.7 direkte Proportionalität
$v \longrightarrow -\frac{1}{4} v$

50.8 keine Proportionalität

Mengen und Mengenbeziehungen; Intervalle

51

51.1 M = {4; 6; 8; 10}
N = {3; 6; 9; 12}

51.2 D = M ∩ N = {6}
V = M ∪ N = {3; 4; 6; 8; 9; 10; 12}

51.3 T_1 = {3; 6; 9}; T_2 = {3; 6; 12}; T_3 = {3; 9; 12}; T_4 = {6; 9; 12}

52

52.1 A = [–2; 3]
52.2 B = [3; 5]
52.3 C = [–π; π[
52.4 D = [0; 9,5]
52.5 E = [0; $\frac{1}{3}$]
52.6 F = [–1; 1]
52.7 G =]–∞; 0[
52.8 H =]–45; ∞[
52.9 K =]4; 6[
52.10 L =]–∞; ∞[
52.11 M =]–3; 4]
52.12 N = [0; ∞[

53

53.1]1; 4]
53.2 [3; 6[
53.3 [$\sqrt{2}$; ∞[
53.4]–2; 2[
53.5 [1; 6]
53.6]–∞; 3]

54

54.1 P = {0; 1; 2; 3; 4; 5; 6}
54.2 Q = {$\frac{1}{1}$; $\frac{1}{2}$; $\frac{1}{3}$; $\frac{1}{4}$; $\frac{1}{5}$; $\frac{1}{6}$; $\frac{1}{7}$}
54.3 R = {–3; –2; –1; 0; 1; 2; 3; 4; 5; 6}
54.4 S = Ø

55

55.1	A ⊆ B	B ⊆ A	A ⊆ D	7 ∈ C	A = B ∪ C	{4; 5; 6} ⊆ D	E ∩ D = A	B ∩ D = A	A ∪ B = A
Wahr		x			x				x
Falsch	x		x	x		x	x	x	

55.2		
	A ∩ B = {6; 7; 8}	(A ∪ D)\B = {1; 2; 3; 4; 5; 10; 12; 14; 16; 18}
	A ∩ C = {1; …; 6}	B ∩ C = {6}
	B ∪ D = {2; 4; 6; 7; 8; 10; … 18}	D ∩ E = {Ø}
	B ∪ C = A	A ∩ D = {2; 4; 6; 8}
	A\B = {1; 2; 3; 4; 5}	B ∩ D = {6; 8}
	C ∪ D = {1; 2; …; 6; 8; 10; 12; …; 18}	B\C = {7; 8}
	C ∩ D = {2; 4; 6}	(A ∩ B) ∪ C = {1; … 8}
	C ∪ E = {1; 2; 3; … 6; 7; 9; 11; …; 17; 19}	Ω\E = {0; 2; 4; 6; 8; 10; 12; 14; 16; 18; 20}

56

56.1 A = {0; 1; 2; 3; 4} = {x ∈ ℕ | x < 5}
56.2 B = {2}
56.3 C =]–21; π[
56.4 D = Ø
56.5 E =]–∞; –4[∪]8; ∞[= ℝ \ [0; 4]
56.6 F = {x | x ∈ ℤ ∧ x < 0 ∧ $\frac{x}{2}$ ∈ ℤ}

57

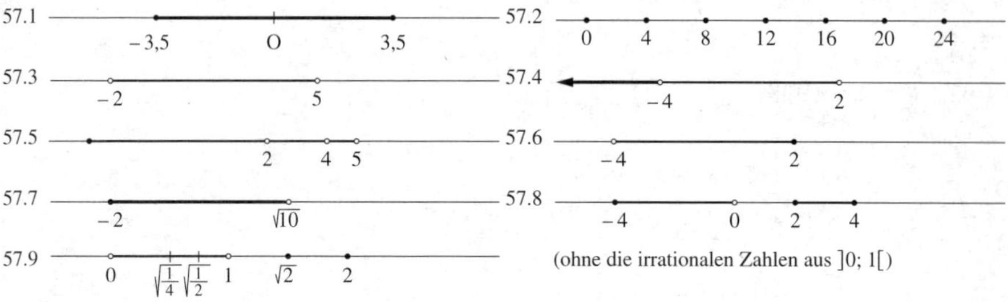

58

Die zu beschreibende Menge sei X. X ist die Menge aller Elemente von G,

58.1 die zu A und (gleichzeitig) zu B gehören.

58.2 die zu A, aber nicht zu B gehören.

58.3 die zu A oder zu B, aber nicht gleichzeitig zu beiden gehören.

58.4 die weder zur Menge A noch zur Menge B gehören.

58.5 die nur zu A oder nur zu B gehören.

58.6 die zur Menge A und nicht zur Menge B gehören, wobei jedes Element von B auch Element von A ist.

Terme und Termumformungen

59

59.1 $\frac{x^3 - x}{6}$

59.2 $l = 13a + 12b$

60

60.1	$(13 + a) \cdot (13 - a)$;	Produkt	60.2	$7b - \frac{b}{7}$;	Differenz
60.3	$c : 3^4$;	Quotient	60.4	$12 + d)^2$;	Potenz
60.5	$e^3 : (1 + e)$;	Quotient	60.6	$(x - 4)(7 - f)$;	Produkt
60.7	$(x + 99)^3$;	Potenz	60.8	$n \cdot (n - 1) \cdot \frac{(n+1)}{3}$; $n \geq 1$;	Quotient

61

61.1 $u = 8a + 4b + 2a + 2b + 3a + 2b + 3a + 4b$

$u = 16a + 12b = 4(4a + 3b)$

$A = (8a \cdot 4b) + (3a \cdot 2b)$

$A = 32ab + 6ab = 38ab$

61.2 $u = a + 2b + c$

$A = \frac{a+c}{2} \cdot h$ $\qquad h = \sqrt{b^2 - (\frac{a-c}{2})^2}$

$A = \frac{a+c}{2} \cdot \sqrt{b^2 - (\frac{a-c}{2})^2}$ $\qquad b^2 = h^2 + (\frac{a-c}{2})^2$

61.3 $u = 2\pi d$

$A = d^2 + \frac{1}{2}\pi d^2$

$A = d^2 (1 + \frac{\pi}{2})$

61.4 $u = 2\pi e$

$A = 2 \cdot (\frac{e}{2})^2 \pi - e^2$

$A = e^2 (\frac{\pi}{2} - 1)$

61.5 $A = 2\,(a^2 - \frac{\pi a^2}{4})$

$A = \frac{a^2}{2}\,(4 - \pi)$

$u = \pi a$

61.6 $A_1 = \frac{1}{2} \cdot \frac{a^2}{4}\,\pi + \frac{1}{2} \cdot \frac{b^2}{4}\,\pi = \frac{\pi}{8}\,(a^2 + b^2)$

$A_2 = \frac{1}{2}\,(\frac{1}{2}\sqrt{a^2 + b^2}\,)^2 \cdot \pi = \frac{1}{8}\,(a^2 + b^2)\,\pi$

$u_1 = a + \frac{a}{2}\,\pi + b + \frac{b}{2}\,\pi = (1 + \frac{\pi}{2})\,(a + b)$

$u_2 = \sqrt{a^2 + b^2} + \frac{1}{2}\,\pi\sqrt{a^2 + b^2} = \sqrt{a^2 + b^2} \cdot (1 + \frac{\pi}{2})$

61.7 $u = 6f$

$A = f^2 + 2 \cdot (\frac{f^2}{4}\,\sqrt{3}\,)$

$A = f^2 + (\frac{f^2}{2}\,\sqrt{3}\,)$

$A = f^2 \cdot (1 + \frac{\sqrt{3}}{2})$

61.8 $V = \frac{1}{3}\,a^2 h = \frac{1}{3}\,a^3$

$O = a\,(a + 2h_s)$ $\quad h_s \mathrel{\widehat{=}}$ Höhe der Seitenfläche

$h_s = \sqrt{h^2 + (\frac{a}{2})^2}$ $\quad h_s = \sqrt{a^2 + \frac{a^2}{4}}$

$O = a\,(a + a\sqrt{5}\,)$ $\quad h_s = \sqrt{\frac{5}{4} \cdot a^2} = \frac{a}{2}\,\sqrt{5}$

$O = a^2\,(1 + \sqrt{5}\,)$

61.9 $V = V_w + V_z + V_k$

$V = a^3 + \pi r^2 h + \frac{\pi}{3}\,r^2 h$

$V = a^3 + \pi\,(\frac{a}{2})^2 a + \frac{\pi}{3}\,(\frac{a}{2})^2 a$

$V = a^3 + \frac{\pi}{4}\,a^3 + \frac{\pi}{12}\,a^3$

$V = a^3\,(1 + \frac{\pi}{4} + \frac{\pi}{12})$

$V = a^3\,(1 + \frac{\pi}{3})$

$O = A_{MK} + A_{MZ} + O_W - A_K$

$O = \pi r s + 2\pi r h + 6a^2 - \pi r^2$

$O = \pi\,(\frac{a}{2})s + 2\pi\frac{a}{2} \cdot a + 6a^2 - \pi\,(\frac{a}{2})^2$

$O = \frac{\pi}{2}\,as + \pi a^2 + 6a^2 - \frac{\pi}{4}\,a^2$

$O = \frac{\pi}{2}\,a \cdot \frac{a}{2}\,\sqrt{5} + \frac{3\pi}{4}\,a^2 + 6a^2$

$O = \frac{\pi\sqrt{5}}{4}\,a^2 + \frac{3\pi}{4}\,a^2 + 6a^2$

$O = a^2\,[\frac{\pi}{4}\,(\sqrt{5} + 3) + 6]$

$s = \sqrt{r^2 + h^2}$

$s = \sqrt{(\frac{a}{2})^2 + a^2}$

$s = \sqrt{\frac{a^2}{4} + a^2}$

$s = \sqrt{\frac{5a^2}{4}} = \frac{a}{2}\,\sqrt{5}$

61.10 $V = V_Q - 2V_K$

$V = a^2 \cdot 2a - 2(\frac{1}{6}\,\pi d^3)$

$V = 2a^3 - \frac{1}{3}\,\pi a^3$

$V = a^3\,(2 - \frac{1}{3}\,\pi)$

61.11 $V = V_Z - V_K$

$V = \pi r^2 h - \frac{\pi}{3}\,r^2 h$

$V = \pi r^3 - \frac{\pi}{3}\,r^3$

$V = \frac{2\pi}{3}\,r^3$

$O = A_K + A_{MZ} + A_{MK}$

$O = \pi r^2 + 2\pi r h + \pi r s$

$O = \pi r^2 + 2\pi r^2 + \pi r s$

$O = 3\pi r^2 + \pi r s$

$s = \sqrt{h^2 + r^2}$

$s = \sqrt{2r^2} = r\sqrt{2}$

$O = 3\pi r^2 + \pi r \cdot r \cdot \sqrt{2}$

$O = 3\pi r^2 + \sqrt{2}\,\pi r^2$

$O = \pi r^2\,(3 + \sqrt{2}\,)$

62

62.1 $a + b : c =$ **−6,625**

62.2 $(a + b) : c =$ **0,125**

62.3 $(a + b)^c =$ **1**

63

63.1 $-\frac{32}{5}$	63.2 −10	63.3 $\frac{33}{20}$	63.4 4
63.5 −6	63.6 −10,5	63.7 n. l.	63.8 84,64
63.9 $0{,}0039062 = 2^{-8} = \frac{1}{256}$	63.10 636,15114	63.11 39,810717	63.12 86,7361738

64

a	b	$3a + 2b$	$\frac{a+b}{a \cdot b}$	$\frac{a-b}{a+b}$	$\frac{a:b}{(a+b)^2}$	$(\frac{a \cdot b}{a+b})^2$	$\frac{a^2+b^2}{a+b}$	$\sqrt{ab} - \sqrt{a-b}$
3,19	2,52	**14,61**	**0,71**	**0,12**	**0,04**	**1,98**	**2,89**	**2,02**
7,2	–1,4	**18,80**	**–0,58**	**1,48**	**–0,15**	**3,02**	**9,28**	**n. l.**
–8,2	–8,2	**–41,00**	**–0,24**	**0**	**0,004**	**16,81**	**–8,20**	**8,20**

65

65.1 $\mathbf{a = 0; -2; +2}$

65.2 $\mathbf{a > \frac{8}{3} \wedge a < -\frac{8}{3}}$

65.3 $a = \mathbf{k \cdot \pi; k \in \mathbb{Z}}$

66

66.1 $a < 2$

66.2 $-1 < c < 1$

66.3 $x = (2k+1)\frac{\pi}{2}; k \in \mathbb{Z}$

66.4 $x \leq 0$

66.5 $b > \frac{2}{5}$

66.6 –

66.7 $x = (2k+1)\frac{\pi}{2}; k \in \mathbb{Z}$

66.8 $x \leq 0$

66.9 –

66.10 $x = (2k+1)\frac{\pi}{2}; k \in \mathbb{Z}$

66.11 $x = (k + \frac{1}{2})\frac{\pi}{2}; k \in \mathbb{Z}$

66.12 $(k + \frac{1}{2}) \cdot \frac{\pi}{2} - 2; k \in \mathbb{Z}$

66.13 $x = 0$

66.14 $x \leq 0$

66.15 $x \leq 0 \wedge x = 1$

66.16 –

66.17 $0 \leq |d| < 2$

66.18 $x < 1$

67

67.1 $D = \mathbb{R} \setminus \{4; -4\}$

67.2 $D = \mathbb{R} \setminus \{\pm 3\}$

67.3 $D = \mathbb{R} \setminus \{0\}$

67.4 $D = \mathbb{R} \setminus \{2\}$

67.5 $D = \mathbb{R} \setminus \{\pm \frac{1}{2}; 0\}$

67.6 $D = \mathbb{R} \setminus \{\pm 1; 0\}$

68

68.1 $(\frac{1}{2}ab^2 + \mathbf{c^3})^2 = \frac{1}{4}a^2b^4 + ab^2c^3 + \mathbf{c^6}$

68.2 $(\sqrt{2}\,a - \sqrt{6b})^2 = \mathbf{2a^2 - 4a\sqrt{3b} + 6b}$

68.3 $87^2 = (80 + 7)^2 = 6\,400 + 1\,120 + 49 = \mathbf{7\,569}$

68.4 $301^2 = (300 + 1) = 90\,000 + 600 + 1 = \mathbf{90\,601}$

69

69.1 $16x^2 - 16xy + 4y^2$

69.2 $49a^4 + 14a^2b + b^2$

69.3 $0{,}04a^2b^2 - 0{,}2ab^2c + 0{,}25b^2c^2$

69.4 $81a^2 - 6ab^2 + \frac{1}{9}b^4$

69.5 $\frac{1}{9}y^4 - \frac{1}{4}y^2z^2 + \frac{1}{9}z^4$

69.6 $4a^2 + 12ab + 9b^2$

69.7 $4u^4 - 12u^2v^2 + 9v^4$

69.8 $0{,}01r^2 - 16s^2$

69.9 $4a^4b^2 - 9a^2b^4$

70

70.1 $(2x + 3y)^2$

70.2 $(5a - 8b) \cdot (5a + 8b)$

70.3 $(4m^2 - 5n^2)^2$

70.4 $(6c^3 + 3d^3)$

70.5 $(7e + 1)^2$

70.6 $(5r + 4s)^2$

70.7 $(\frac{x^2}{2} - \frac{y^3}{3})(\frac{x^2}{2} + \frac{y^3}{3})$

70.8 $-(\sqrt{13} - c)^2$

71

71.1 $4;\ (a+2)^2$

71.2 $4y^2;\ (2x+2y)^2$

71.3 $25n^2;\ (8m+5n)^2$

71.4 $36km;\ (2k+9m)^2$

71.5 $\frac{1}{4}y^2;\ (x-\frac{1}{2}y)^2$

71.6 $\frac{1}{4}x^8;\ (\frac{1}{2}x^4-\frac{1}{2}y^2)^2$

71.7 $0{,}04s^4;\ (0{,}2r+0{,}2s^2)^2$

71.8 $\frac{9}{4}b;\ (\sqrt{2a}+\frac{3}{2}\sqrt{b})^2$

71.9 $1;\ 16;\ (x+1)^2;\ (y-4)^2$

71.10 $4;\ 6y;\ (x-2)^2;\ (y+3)^2$

72

72.1 72.1.1 $(n^2+6n+9)-(n^2-4n+4)=10n+5$

72.1.2 $-(n+2)^2$

72.1.3 $(n^2+2mn+m^2)-(n^2-m^2)=2mn+2m^2=2m(n+m)$

72.2 72.2.1 $(20+1)^2=400+40+1=441$

72.2.2 1 024

72.2.3 $(50-2)^2=2\,500-200+4=2\,304$

72.2.4 10 201

72.2.5 4 761

72.2.6 $(30+1)(30-1)=900-1=899$

72.2.7 1 596

72.2.8 2,24

73

73.1

$$(12a^2 - 16a + 5) : (6a-5) = \boxed{2a} - \boxed{1}$$
$$-(\boxed{12a^2} - \boxed{10a})$$
$$\boxed{-6a} + 5$$
$$-(\boxed{-6a} + \boxed{5})$$
$$0$$

Probe: $(\boxed{2a} - \boxed{1})\cdot(6a-5) = 12a^2-10a-6a+5 = 12a^2-16a+5$

73.2

$$(x^2 + 5x + 7) : (x+1) = \boxed{x} + \boxed{4} + \frac{3}{x+1}$$
$$-(\boxed{x^2} + \boxed{x})$$
$$\boxed{4x} + 7$$
$$-(\boxed{4x} + \boxed{4})$$
$$3$$

Probe: $(\boxed{x} + \boxed{4})\cdot(x+1)+3 = x^2+x+4x+4+3 = x^2+5x+7$

74

74.1 $x+5$

74.2 $3x^2+2x-4$

74.3 $2x+2+\frac{6}{x-1}$

74.4 $\frac{1}{2}x+3$

74.5 $-\frac{1}{3}a^2-a-\frac{2}{15}$

74.6 a^2+a+1

74.7 $3x^2-2x+\frac{4}{3}$

74.8 $\frac{1}{\frac{1}{2}a^2-a+1}$

74.9 $6x-2+\frac{6}{3x+1}$

74.10 $4x^2+2x+7-\frac{3}{x-3}$

75

75.1 a) $\frac{12ab^2c(c-4d)}{18a^2bc^2(c-4d)} = \mathbf{\frac{2b}{3ac}}$

b) $\frac{6x+8y}{30x+40y} = \mathbf{\frac{1}{5}}$

c) $\frac{m^2-10m+25}{m-5} = \mathbf{m-5}$

75.2 a) $\frac{-3a}{4b} = \frac{\mathbf{-4{,}5a}}{6b}$

b) $\frac{2x+3y}{-4x} = \frac{\mathbf{-12x^2y-18xy^2}}{24x^2y}$

c) $\frac{7a(x+y)}{-4b} = \frac{\mathbf{-10{,}5a^2b(x^2-y^2)}}{6ab^2(x-y)}$

76

76.1 $\frac{3b}{4}$	76.2 $4xy$	76.3 $4mn$	76.4 $\frac{9}{5}a^3b^2$
76.5 $\frac{2x^3}{45zy}$	76.6 $\frac{x+y}{2}$	76.7 $\frac{x+y}{x-y}$	76.8 $3ab$
76.9 $\frac{3x+5y}{3x-5y}$	76.10 –	76.11 $\frac{y}{b}$	76.12 $a+4$
76.13 $z+2$	76.14 $\frac{a^2+ab+b^2}{a+b}$		

76.15 $\frac{(a-b)^2-c^2}{a^2-(b+c)^2} = \frac{\cancel{[(a-b)-c]}\cdot[(a-b)+c]}{\cancel{[a-(b+c)]}\cdot[a+(b+c)]} = \frac{a-b+c}{a+b+c}$

77

77.1 $9a$	77.2 $12a^2$	77.3 $36xy$	77.4 $27x$
77.5 $9a^4b$	77.6 $3xy(x+y)$	77.7 $4a^2-16b^2$	77.8 $-14x^2+2xy$
77.9 $3(a-3)^2$	77.10 $(3x-y)\cdot(-4a)(6x+11y^2)$	77.11 $4y+20$	77.12 $5c(2c-b)$

78

78.1 $\frac{a-5b}{2a} + \frac{2a-3b}{4a} = \mathbf{\frac{4a-13b}{4a}}$

78.2 $\frac{a-5b}{2a} - \frac{2a-3b}{4a} = \mathbf{-\frac{7b}{4a}}$

78.3 $\frac{a-5b}{2a} \cdot \frac{2a-3b}{4a} = \mathbf{\frac{2a^2-13ab+15b^2}{8a^2}}$

78.4 $\frac{a-5b}{2a} : \frac{2a-3b}{4a} = \mathbf{\frac{2a-10}{2a-3b}}$

78.5 $\frac{a}{b} : \frac{a-1}{b^2} - \frac{2ab}{a-1} = \mathbf{\frac{-ab}{a-1}} = \mathbf{\frac{ab}{1-a}}$

78.6 $\frac{a}{b} : (\frac{a-1}{b^2} - \frac{2ab}{a-1}) = \mathbf{\frac{ab(a-1)}{(a-1)^2-2ab^3}}$

79

79.1 $\frac{a^2+a+1}{a^3}$	79.2 $\frac{a}{20a-1}$	79.3 $\frac{1+a}{a}$
79.4 $\frac{a(a+b)}{b(a-b)}$	79.5 $\frac{a^2+3a+1}{a+1}$	79.6 $\frac{-1}{d(d-1)} = \frac{1}{d(1-d)}$
79.7 $\frac{d^3-d^2-2}{(d+1)(d^2+1)}$	79.8 $\frac{-4d^2-5d}{d^2-1}$	79.9 $\frac{16}{d-4}$
79.10 $\frac{3d^2-2de-e^2}{(e-d)^2}$	79.11 $\frac{-7}{d(d^2-1)}$	79.12 $-p^2+p$
79.13 $\frac{2a-1}{a}$	79.14 $\frac{5(p-r)}{18(p+r)}$	79.15 $\frac{(p+r)^3}{(p-r)(p^2+r^2)}$
79.16 $\frac{17(5p-r)}{11r}$	79.17 2	79.18 $\frac{2(3q-s)}{q-s}$
79.19 $\frac{q}{(q+1)^2}$	79.20 $\frac{o(q+s)}{t(t-o)}$	79.21 $ab-b^2$
79.22 $\frac{5a+2a^2}{2a+4}$	79.23 $-a-b$	79.24 $\frac{a^2+5a-10}{-4+2a}$

80

80.1 $V = \frac{1}{3} A_G \cdot h$ $\quad \mathbf{A_G = \frac{3V}{h}}$ $\quad \mathbf{h = \frac{3V}{A_G}}$

80.2 $O = 2\pi r^2 + 2\pi r h$ $\quad \mathbf{h = \frac{O - 2\pi r^2}{2\pi r}}$

80.3 $y = \frac{g}{2\vartheta_0^2} \cdot x^2$ $\quad \boldsymbol{\vartheta_0} = \sqrt{\frac{\mathbf{g}}{\mathbf{2y}}\mathbf{x^2}} = x\sqrt{\frac{g}{2y}}$ $\quad (x > 0)$

81

81.1 $a = \frac{2A}{b}$ $\quad b = \frac{2A}{a}$

81.2 $e = \sqrt{2A}$

81.3 $a = \frac{u}{2} - c$ $\quad c = \frac{u}{2} - a$

81.4 $\alpha = \frac{A_\alpha \cdot 360°}{\pi \cdot r^2}$ $\quad r = \sqrt{\frac{A_\alpha \cdot 360°}{\pi \cdot \alpha}}$

81.5 $h = \frac{4V}{a^2\sqrt{3}}$ $\quad a = 2\sqrt{\frac{V}{\sqrt{3} \cdot h}}$

81.6 $r = \sqrt[3]{\frac{3V}{4\pi}}$

81.7 $h = r - \sqrt{r^2 - R^2}$ $\quad r = \frac{R^2 + h^2}{2h}$

81.8 $a = \sqrt{e^2 - b^2 - c^2}$ $\quad b = \sqrt{e^2 - a^2 - c^2}$ $\quad c = \sqrt{e^2 - a^2 - b^2}$

81.9 $x_1 = 2x_M - x_2$ $\quad x_2 = 2x_M - x_1$

81.10 $a = \sqrt[b]{c}$ $\quad b = \log_a c$

81.11 $W = \frac{p \cdot G}{100}$ $\quad p = \frac{W \cdot 100}{G}$ $\quad G = \frac{W \cdot 100}{p}$

81.12 $k_o = \frac{k_n}{q^n}$ $\quad n = \frac{\lg(\frac{k_n}{k_o})}{\lg q} = \frac{\lg k_n - \lg k_o}{\lg q}$ $\quad q = \sqrt[n]{\frac{k_n}{k_o}}$

81.13 $b = \frac{\frac{O}{2} - ac}{a + b}$ $\quad a = \frac{\frac{O}{2} - bc}{b + c}$ $\quad c = \frac{\frac{O}{2} - ab}{a + b}$

$b = \frac{O - 2ac}{2(a + c)}$ $\quad a = \frac{O - 2bc}{2(b + c)}$

$c = \frac{O - 2ab}{2(a + b)}$

81.14 $I = \frac{U}{R}$ $\quad R = \frac{U}{I}$

81.15 $c = \frac{W}{m(T_2 - T_1)}$; $m = \frac{W}{c(T_2 - T_1)}$

$T_1 = -(\frac{W}{c \cdot m} - T_2)$

$T_2 = \frac{W}{c \cdot m} + T_1$

81.16 $f = \frac{bg}{g + b}$ $\quad b = \frac{gf}{g - f}$ $\quad g = \frac{bf}{b - f}$

81.17 $m = \frac{2E}{v^2}$ $\quad v = \sqrt{\frac{2E}{m}}$

81.18 $m_1 = \frac{F \cdot r^2}{\gamma \cdot m_2}$ $\quad m_2 = \frac{F \cdot r^2}{\gamma \cdot m_1}$ $\quad r = \sqrt{\frac{\gamma \cdot m_1 \cdot m_2}{F}}$

81.19 $L = \frac{T^2}{4\pi^2 C}$ $\quad C = \frac{T^2}{4\pi^2 L}$

81.20 $R_1 = \frac{RR_2}{R_2 - R}$ $\quad R_2 = \frac{RR_1}{R_1 - R}$

81.21 $x_1 = x_T(1 + \lambda) - \lambda x_2$

$x_2 = \frac{x_T(1 + \lambda) - x_1}{\lambda}$

$\lambda = \frac{x_1 - x_T}{x_T - x_2}$

81.22 $m_1 = \frac{m_2 - \tan\alpha}{1 + m_2\tan\alpha}$ $\quad m_2 = \frac{m_1 + \tan\alpha}{1 - m_1\tan\alpha}$

81.23 $l = \frac{T^2 \cdot g}{4\pi^2}$ $\quad g = \frac{l \cdot 4\pi^2}{T^2}$

81.24 $r = \frac{V}{\pi h^2} + \frac{h}{3}$

Funktionsbegriff

82

82.1 ja	82.2 ja	82.3 nein	82.4 ja
82.5 nein	82.6 nein	82.7 ja	82.8 ja

83

83.1 $y = 2x$; Funktion

83.2 $y = \frac{x^2}{2}$; Funktion

83.3 – Funktion

83.4 keine Funktion

83.5 $y = (-x)^2 = x^2$; Funktion

83.6 $y = 2x$, falls x ungerade; Funktion
$y = \frac{1}{2}x$, falls x gerade; Funktion

83.7 $y = \pi$; Funktion

83.8 keine Funktion

83.9 keine Funktion

84

x \ $f_i(x)$	$f_1(x) = \frac{1}{2}x$	$f_2(x) = 3x + 2$	$f_3(x) = x^2$	$f_4(x) = \frac{1}{2}x^2 + 2x$	$f_5(x) = \sqrt{3x}$
2	1	8	4	6	$\sqrt{6}$
$\frac{1}{4}$	$\frac{1}{8}$	$\frac{11}{4}$	$\frac{1}{16}$	$\frac{17}{32}$	$\frac{1}{2}\sqrt{3}$
0,4	0,2	3,2	0,16	0,88	$\sqrt{1,2} = 2\sqrt{0,3}$
a	$\frac{a}{2}$	$3a + 2$	a^2	$\frac{1}{2}a^2 + 2a$	$\sqrt{3a}$
2a	a	$6a + 2$	$4a^2$	$2a^2 + 4a$	$\sqrt{6a}$
a + 1	$\frac{a+1}{2}$	$3a + 5$	$a^2 + 2a + 1$	$\frac{1}{2}a^2 + 3a + 2,5$	$\sqrt{3(a+1)}$
2a −3	$\frac{2a-3}{2}$	$6a - 7$	$4a^2 - 12a + 9$	$2a^2 - 2a - 1,5$	$\sqrt{3(2a-3)}$
a − b	$\frac{a-b}{2}$	$3a - 3b + 2$	$a^2 - 2ab + b^2$	$\frac{1}{2}(a^2 + b^2) + 2(a-b) - ab$	$\sqrt{3(a-b)}$
a^2	$\frac{a^2}{2}$	$3a^2 + 2$	a^4	$\frac{1}{2}a^4 + 2a^2$	$a\sqrt{3}$

Lineare Funktionen

85

85.1

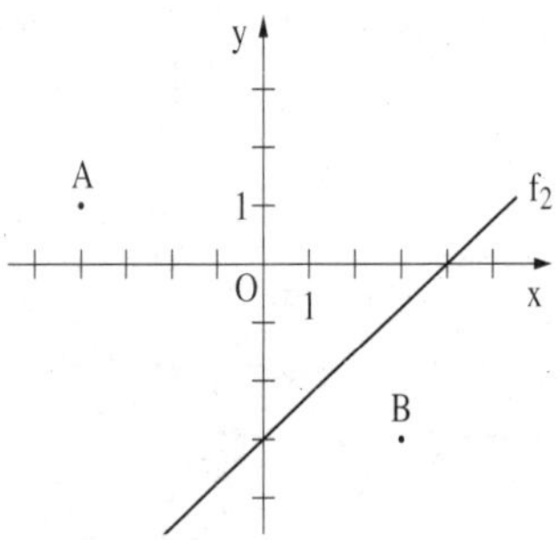

85.2
$$f(1) = -3 \cdot (1) + 2 = -1$$
$$f(-1) = -3 \cdot (-1) + 2 = 5$$
$$f(0,5) = 0,5$$
$$f(1,5) = -2,5$$
$$f(2) = -4$$

85.3

$0 = -3x + 2$	$1 = -3x + 2$
$3x = 2$	$3x = 1$
$x = \frac{2}{3}$	$x = \frac{1}{3}$
$2 = -3x + 2$	$-1 = -3x + 2$
$x = 0$	$x = 1$

$$-2 = -3x + 2 \Rightarrow x = \frac{4}{3}$$

85.4) $f_2(x) = \frac{3}{4}x - 3$

85.5 $f_3(x) = -\frac{4}{7}x - \frac{9}{7}$

86

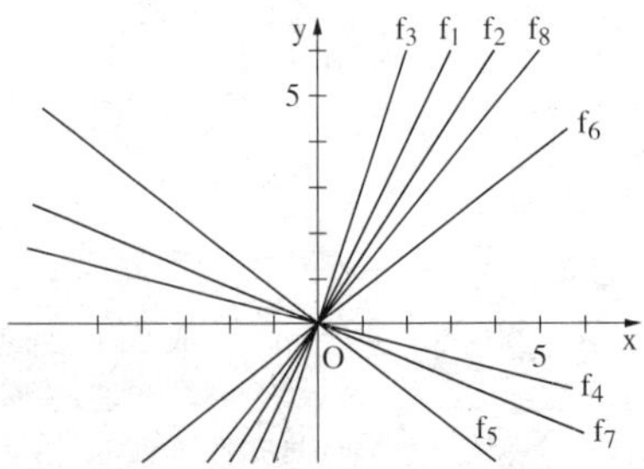

87

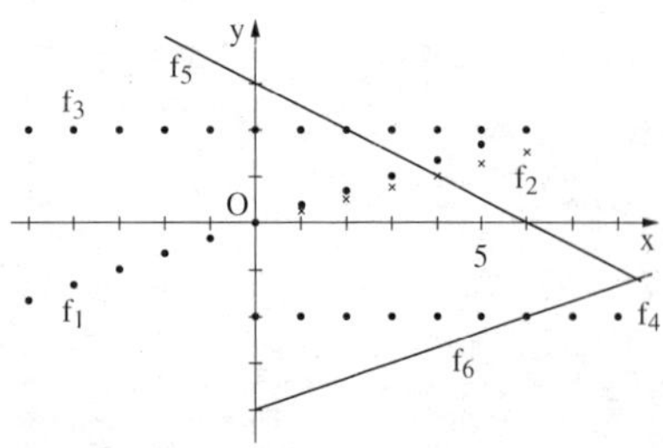

88

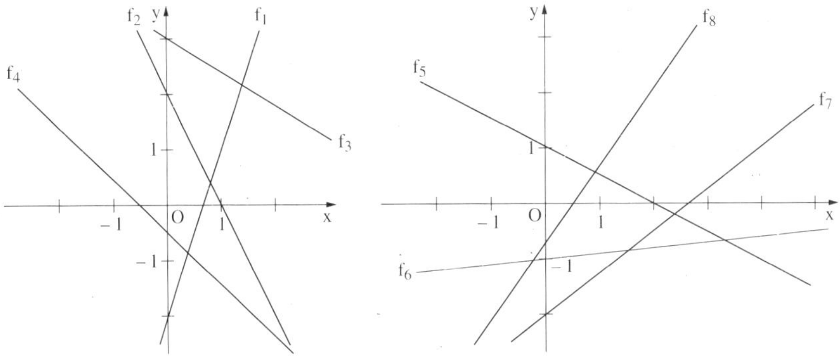

89

89.1 $f(x) = -\frac{1}{4}x + 2$ 89.2 $f(x) = -\frac{1}{4}x + \frac{3}{4}$ 89.3 $f(x) = -\frac{1}{4}x - 4$

89.4 $f(x) = -\frac{1}{4}x - \frac{11}{4}$ 89.5 $f(x) = -\frac{1}{4}x + \frac{9}{2}$ 89.6 $f(x) = -\frac{1}{4}x + \frac{5}{4}$

90

90.1 $y = 2x + 3$ 90.2 $y = 2x + 1$ 90.3 $y = 2x - 2$ 90.4 $y = 2x + 2$ 90.5 $y = 2x - 0{,}3$ 90.6 $y = 2x + \frac{1}{2}$

91

91.1 g_1: $y = \frac{1}{4}x + \frac{7}{4}$

91.2 g_2: $y = \frac{1}{4}x - \frac{3}{4}$

91.3 g_3: $y = \frac{1}{4}x + \frac{3}{8}$

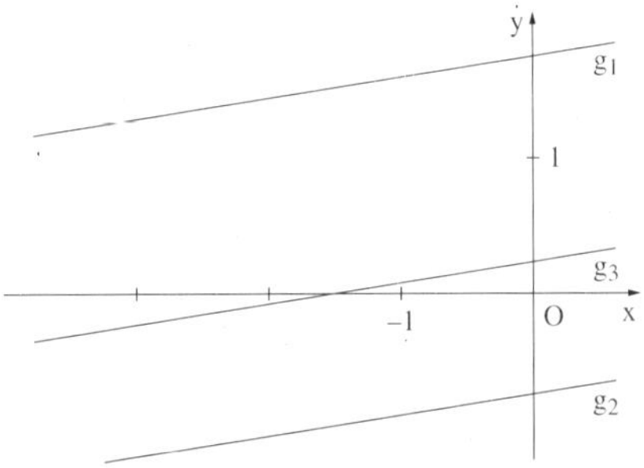

92

P_x: $0 = \frac{3}{4}x - 1$ $P_y\ (0; -1)$

$x = \frac{4}{3}$

$P_x\ (\frac{4}{3}; 0)$

Bei Spiegelung
– an der x-Achse: $y = -\frac{3}{4}x + 1$
– an der y-Achse: $y = -\frac{3}{4}x - 1$
– an P_x oder an P_y: $y = \frac{3}{4}x - 1$

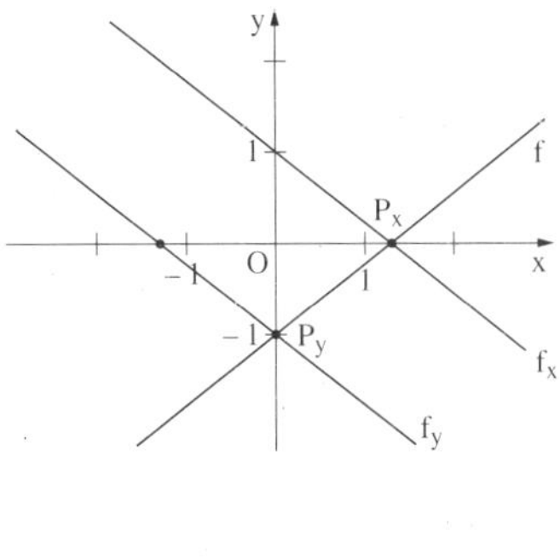

93

93.1 $0 = \frac{1}{2}x + 4$
$x = -8$

93.2 $0 = x - 3$
$x = 3$

93.3 $0 = 3x + 4$
$x = -\frac{4}{3}$

93.4 $0 = -3x + 9$
$x = 3$

93.5 –

93.6 $0 = -2x - 3$
$x = -1{,}5$

93.7 $0 = -\frac{1}{4}x + \frac{3}{4}$
$x = 3$

93.8 $\Rightarrow 0 = x_1 - 3$ (falls $x \geq 0$),
also $x_1 = 3$
$\Rightarrow 0 = -x_2 - 3$ (falls $x < 0$),
also $x_2 = -3$

94

94.1

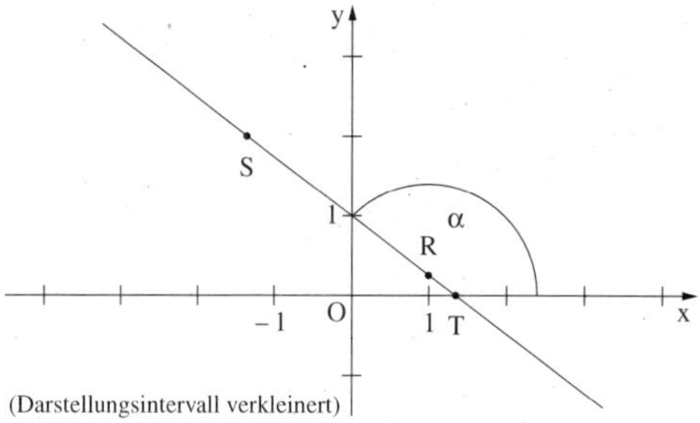

(Darstellungsintervall verkleinert)

94.2 $P_y\ (0;\ 1)$, $x_0 = \frac{3}{4}$

94.3 $\tan\alpha = -\frac{3}{4} \Rightarrow \alpha \approx 143°$

94.4 $y_R = -\frac{3}{4} \cdot 1 + 1 = \frac{1}{4}$ $\quad R\ (1;\ \frac{1}{4})$

$2 = -\frac{3}{4} \cdot x_S + 1$

$x_S = -\frac{3}{4}$ $\quad S\ (-\frac{4}{3};\ 2)$

$0 = -\frac{3}{4} \cdot x_T + 1$ $\quad T\ (\frac{4}{3};\ 0)$

$x_T = \frac{3}{4}$

95

95.1 $f(x) = -2x - 1$
$g(x) = -\frac{4}{5}x + 2$
$h(x) = x - 2{,}5$

95.2 $f(x) = 2x + 2$
$g(x) = 2x$
$h(x) = 2x - 2$

95.3 $f(x) = 2$
$g(x) = -\frac{1}{4}x - \frac{1}{4}$
h – keine Funktion; $x = 2$

95.4 $f(x) = \frac{1}{2}x + 1$
$g(x) = 3x - 3$
$h(x) = -\frac{5}{2}x - 3$

95.5 $f(x) = -\frac{3}{2}x + 7{,}5$
$g(x) = -x - 10$
$h(x) = -\frac{1}{2}x$

95.6 $f(x) = -\frac{15}{8}x + 7{,}5$
$g(x) = -\frac{5}{4}x - 10$
$h(x) = -\frac{5}{8}x$

96

96.1 $f(x) = y = \frac{9}{5}x - 2{,}5$

96.2 $0 = \frac{9}{5}x_N - 2{,}5$

$\frac{5}{2} = \frac{9}{5}x_N$

$x_N = \frac{5}{2} \cdot \frac{5}{9} = \frac{25}{18} \approx 1{,}39$

96.3 $P_x\ (\frac{25}{18};\ 0)$

$P_y\ (0;\ -2{,}5)$

96.4 nebenstehende Zeichnung

96.5 $y = \frac{9}{5}x + 1$

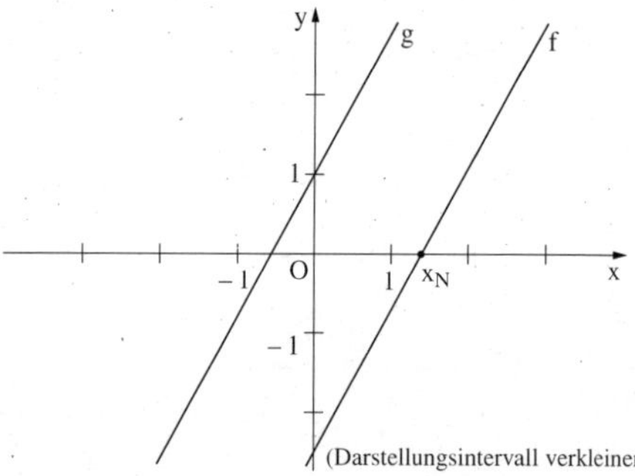

(Darstellungsintervall verkleinert)

97

97.1 $f_1(x) = \frac{1}{2}x + 1$ 97.2 $f_2(x) = 3x - 3$ 97.3 $f_3(x) = -\frac{1}{2}x - 3$

97.4 $f_4(x) = \frac{1}{3}x + \frac{7}{3}$ 97.5 $f_5(x) = x - 2{,}5$ 97.6 $f_6(x) = x$

97.7 $f_7(x) = 4$ 97.8 $f_8(x) = 2x + 2$ 97.9 $f_9(x) = 2x + 2$

98

98.1 schneiden einander 98.2 parallel zueinander 98.3 parallel zueinander 98.4 schneiden einander

Quadratische Funktionen

99

99.1 gestreckte Normalparabel, nach unten geöffnet, Scheitel aus dem Ursprung verschoben

99.2 $-2x^2 + 12x - 16 = 0$

$x^2 - 6x + 8 = 0$

$x_{1/2} = 3 \pm \sqrt{9-8}$ $x_{N1} = 4$ $x_{N2} = 2$

99.3 $-2x^2 + 12x - 16 = -2(x^2 - 6x + 8)$

$= -2[(x^2 - 6x + 9) - 9 + 8]$

$= -2[(x-3)^2 - 1] = -2(x-3)^2 + 2$

$= f(x)$ S (3; 2)

99.4

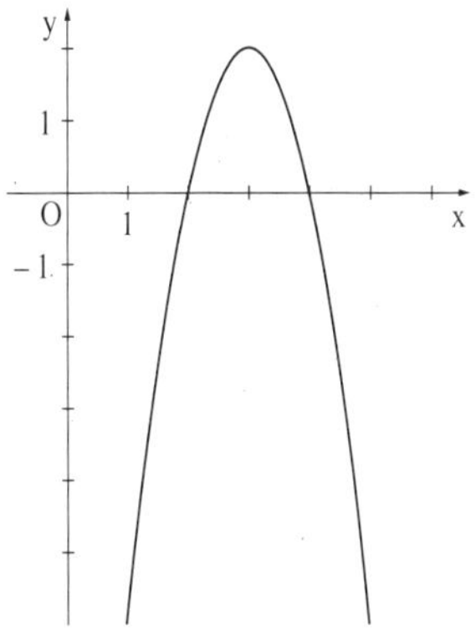

99.5 P_y: f (0) = –16 P_y (0; –16)

100

100.1 $f(x) = x^2 + 4x + 3$ S (–2; –1)

100.2 $g(x) = x^2 + 6x + 7$ S (–3; –2)

100.3 $h(x) = x^2 - 2x + 1{,}5$ S (1; 0,5)

100.4 $k(x) = x^2 - 4x + 1$ S (2; –3)

100.5 $p(x) = x^2 - 2x - 2$ S (1; –3)

100.6 $s(x) = x^2 - 6x + 8$ S (3; –1)

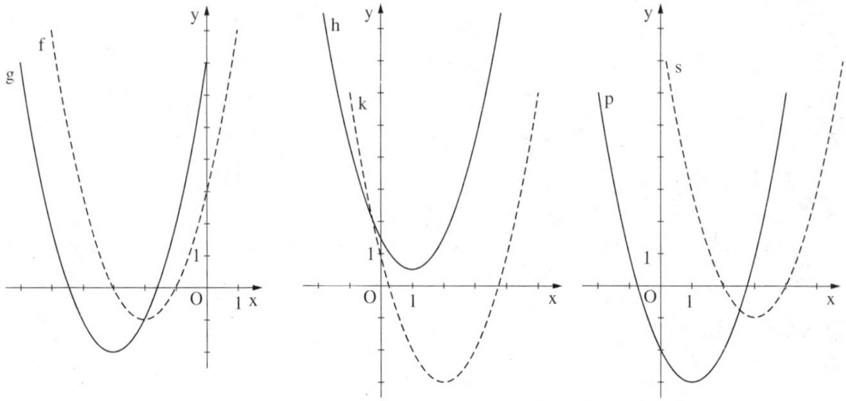

101

$f_i(x)$ \ x	0	–1	–2	1	2
$f_1(x) = 4x^2 - 3$	**–3**	**1**	**13**	**1**	**13**
$f_2(x) = 2x^2 + x - 1$	**–1**	**0**	**5**	**2**	**9**
$f_3(x) = (x + 3)^2 - 2$	**7**	**2**	**–1**	**14**	**23**
$f_4(x) = (x - 2)^2$	**4**	**9**	**16**	**1**	**0**
$f_5(x) = -2x^2 - x + 3$	**3**	**2**	**–3**	**0**	**–7**
$f_6(x) = \frac{1}{2}x^2 - \frac{1}{2}x + \frac{1}{2}$	**0,5**	**1,5**	**3,5**	**0,5**	**1,5**

102

Scheitelpunkt	Gleichung in Scheitelpunktform	Gleichung in der Normalform
S_1 (3; 4)	$\mathbf{f_1(x) = (x - 3)^2 + 4}$	$\mathbf{f_1(x) = x^2 - 6x + 13}$
$\mathbf{S_2}$ **(2; 0)**	$\mathbf{f_2(x) = (x - 2)^2}$	$\mathbf{f_2(x) = x^2 - 4x + 4}$
$\mathbf{S_3}$ **(0; 4)**	$\mathbf{f_3(x) = x^2 + 4}$	$\mathbf{f_3(x) = x^2 + 4}$
$\mathbf{S_4}$ **(1; 1)**	$\mathbf{f_4(x) = (x - 1)^2 + 1}$	$\mathbf{f_4(x) = x^2 - 2x + 2}$
$\mathbf{S_5}$ **(4; 5)**	$\mathbf{f_5(x) = (x - 4)^2 + 5}$	$\mathbf{f_5(x) = x^2 - 8x + 21}$
S_6 (–3; 4)	$\mathbf{f_6(x) = (x + 3)^2 + 4}$	$\mathbf{f_6(x) = x^2 + 6x + 13}$
S_7 (–1; –2)	$\mathbf{f_7(x) = (x + 1)^2 - 2}$	$\mathbf{f_7(x) = x^2 + 2x - 1}$
S_8 (–7; 8)	$\mathbf{f_8(x) = (x + 7)^2 + 8}$	$\mathbf{f_8(x) = x^2 + 14x + 57}$
$\mathbf{S_9}$ **(–1,5; 0)**	$\mathbf{f_9(x) = (x + 1{,}5)^2}$	$\mathbf{f_9(x) = x^2 + 3x + 2{,}25}$
S_{10}(0; 0)	$\mathbf{f_{10}(x) = x^2}$	$\mathbf{f_{10}(x) = x^2}$
S_{11}(0; –8)	$\mathbf{f_{11}(x) = x^2 - 8}$	$\mathbf{f_{11}(x) = x^2 - 8}$
S_{12}(–3; 0)	$\mathbf{f_{12}(x) = (x + 3)^2}$	$\mathbf{f_{12}(x) = x^2 + 6x + 9}$

103

103.1 $f_1(x) = (x+1)^2 + 2 = x^2 + 2x + 3$

103.2 $f_2(x) = 2(x+1)^2 + 3 = 2x^2 + 4x + 5$

103.3 $f_3(x) = -(x-1)^2 + 1 = -x^2 + 2x$

103.4 $f_4(x) = x^2$

103.5 $f_5(x) = -3 \cdot (x+4)^2 + 5 = -3x^2 - 24x - 43$

103.6 $f_6(x) = 0{,}2 \cdot (x+3{,}5)^2 + 2{,}4 = \frac{1}{5}x^2 + \frac{7}{5}x + \frac{97}{20} = 0{,}2x^2 + 1{,}4x + 4{,}85$

104

	Funktion	Scheitel	Symmetrieachse
104.1	$f_1(x) = x^2 - 6 + 8 = x^2 + 2$	$S_1(0; 2)$	$x = 0$ (y-Achse)
104.2	$f_2(x) = x^2 + 3x + \frac{9}{4} = (x + \frac{3}{2})^2$	$S_2(-\frac{3}{2}; 0)$	$x = -\frac{3}{2}$
104.3	$f_3(x) = 1{,}5x^2 + 6x + 3 = 1{,}5 \cdot (x^2 + 4x + 2)$ $= 1{,}5 \cdot (x^2 + 4x + 4 - 4 + 2)$ $= 1{,}5 \cdot [(x+2)^2 - 2] = 1{,}5 \cdot (x+2)^2 - 3$	$S_3(-2;-3)$	$x = -2$
104.4	$f_4(x) = 0{,}5x^2 - 2x + 3 = 0{,}5\,(x^2 - 4x + 6)$ $= 0{,}5\,((x^2 - 4x + 4) - 4 + 6)$ $= 0{,}5\,((x-2)^2 + 2) = 0{,}5\,(x-2)^2 + 1$	$S_4(2; 1)$	$x = 2$
104.5	$f_5(x) = -x^2 - 4x - 2{,}5 = -(x^2 + 4x + 2{,}5)$ $= -(x^2 + 4x + 4 - 4 + 2{,}5)$ $= -((x+2)^2 - 1{,}5) = -(x+2)^2 + 1{,}5$	$S_5(-2; 1{,}5)$	$x = -2$
104.6	$f_6(x) = -3x^2 + 6$	$S_6(0; 6)$	$x = 0$ (y-Achse)

105

105.1 $f_1(x) = (x-2)^2 - 1{,}5$

105.2 $f_2(x) = x^2$

105.3 $f_3(x) = 2x^2$

105.4 $f_4(x) = -(x-2)^2 + 2{,}5$

105.5 $f_5(x) = (x+2)^2 - 1{,}5$

105.6 $f_6(x) = -1{,}5\,(x+3)^2 + 1{,}5$

106

106.1 NP mit S(0; 0), nach unten geöffnet

106.2 NP mit S(0; 2), nach unten geöffnet

106.3 NP mit S(0; –2), nach unten geöffnet

106.4 gestauchte NP mit S(0; –3), nach oben geöffnet

106.5 gestreckte NP, nach oben geöffnet, S nicht auf einer Achse

106.6 gestreckte NP, nach unten geöffnet, S nicht auf einer Achse

106.7 gestreckte NP, nach oben geöffnet, S(–1; 0)

106.8 NP mit S(1; 0), nach unten geöffnet

106.9 gestauchte NP mit S(0; –0,5), nach oben geöffnet

107

g_i \ f_i	$f_1(x) = x^2$	$f_2(x) = 2x - 1$	$f_3(x) = -x + 2$
$g_1(x) = -x^2$	**$S_1(0 ; 0)$**	**$S_4(-2{,}4; -5{,}8)$** **$S_5(0{,}4 ; -0{,}2)$**	–
$g_2(x) = -x^2 + 2$	**$S_1(-1 ; 1)$** **$S_3(1 ; 1)$**	**$S_6(-3; -7)$** **$S_7(1 ; 1)$**	**$S_{10}(0; 2)$** **$S_{11}(1 ; 1)$**
$g_3(x) = \frac{1}{2}x^2 - 1$	–	**$S_8(0; -1)$** **$S_9(4; 7)$**	**$S_{12}(-3{,}6; 5{,}6)$** **$S_{13}(1{,}6 ; 0{,}4)$**

(abgelesene Koordinaten)

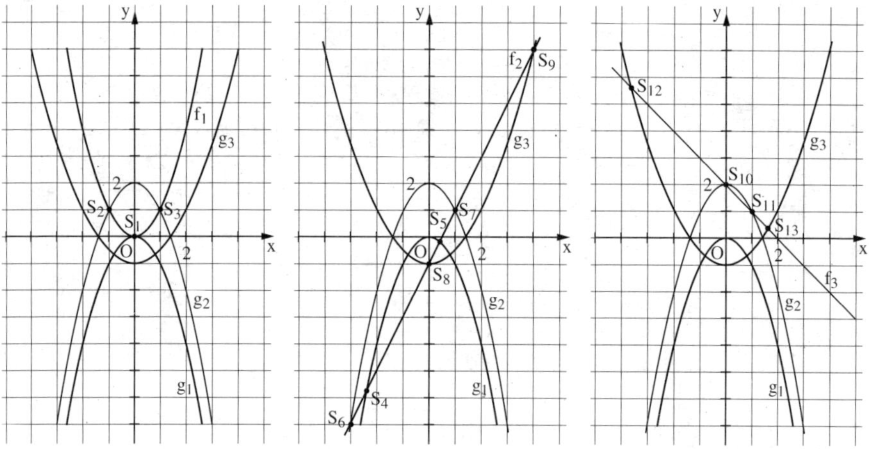

108

x	−1	0	1	2	3
f(x)	**−0,15**	**1**	**1,65**	**1,8**	**1,45**
x	4	1,5	2,5	−2	5
f(x)	**0,6**	**1,79**	**1,69**	**−1,8**	**−0,75**

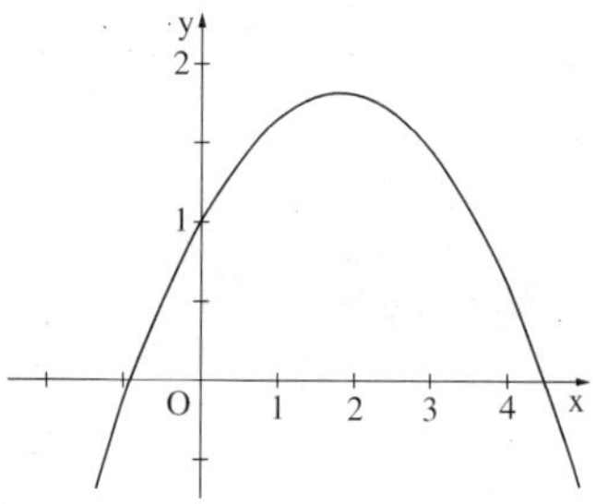

109

109.1 $S_1(0; 3)$; $f_1(x) = x^2 + 3$; keine Nst.

109.2 $S_2(1; -2)$; $f_2(x) = x^2 - 2x - 1$; zwei Nst.

109.3 $S_3(3; 0)$; $f_3(x) = x^2 - 6x + 9$; eine Nst.

109.4 $S_4(0; -1)$ $f_4(x) = x^2 - 1$; zwei Nst.

109.5 keine quadratische Funktion derart möglich

110

110.1 $x_1 = 3$ $x_2 = -4$

110.2 $x_1 = 7$ $x_2 = -2$

110.3 $x_1 = -3$ $x_2 = -4$

110.4 keine Nst.

110.5 $x_{1/2} = \pm 3$

110.6 keine Nst.

110.7 keine Nst.

110.8 $4x^2 + 32x - 8 = 0$; $x_1 = -4 + \sqrt{18} = -4 + 3\sqrt{2} \approx 0{,}24$

$x^2 + 8x - 2 = 0$; $x_2 = -4 - \sqrt{18} = -4 - 3\sqrt{2} \approx -8{,}24$

110.9 $x_1 = -3{,}5$ $x_2 = 1{,}5$

110.10 $x_1 = -1$ $x_2 = 2$

Exponential- und Logarithmusfunktionen

111

111.1

x	−2	−1	−0,5	0	0,5	1	2	2,3
f(x)	**0,25**	**0,5**	$\frac{1}{2}\sqrt{2}$	**1**	$\sqrt{2}$	**2**	**4**	**4,92**

Spiegelung:

x_S	**0,25**	**0,5**	$\frac{1}{2}\sqrt{2}$	**1**
y_S	**−2**	**−1**	**−0,5**	**0**
x_S	$\sqrt{2}$	**2**	**4**	**4,92**
y_S	**0,5**	**1**	**2**	**2,3**

111.2

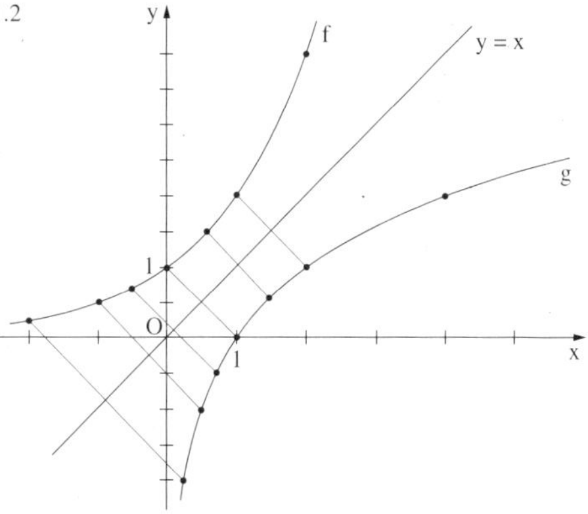

111.3 $g(x) = \log_2 x$

112

112.1

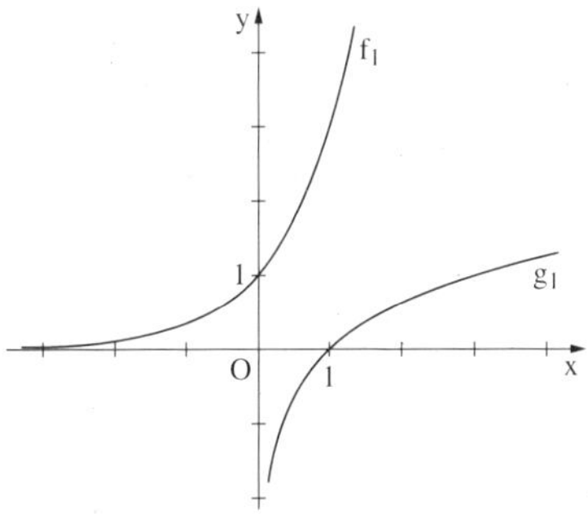

112.2

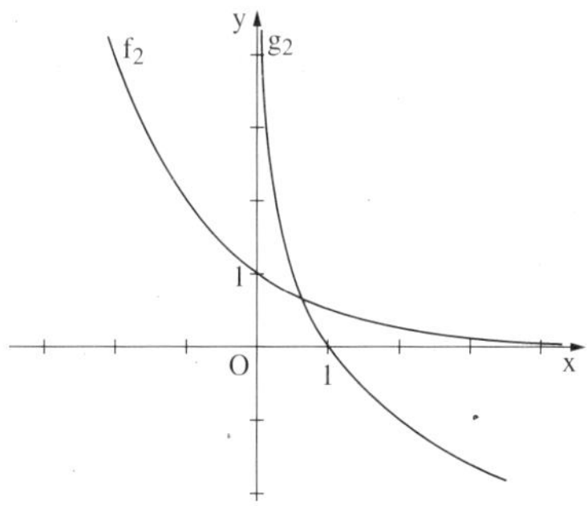

112.3

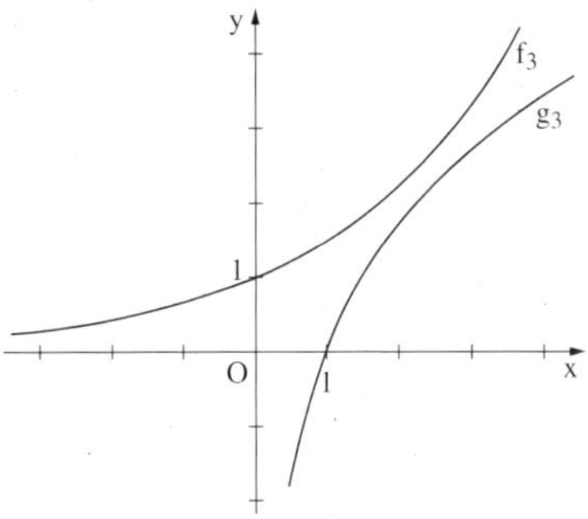

112.4

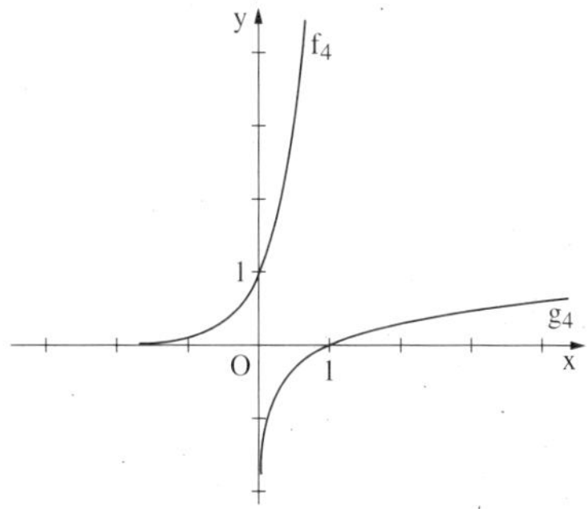

113

113.1 $f_1(x) = 2^x$ 113.2 $f_2(x) = 3^x$ 113.3 $f_3(x) = 2^x$ 113.4 $f_4(x) = (\frac{1}{4})^x$ 113.5 $f_5(x) = 4^x$

113.6 $f_6(x) = a^x$, $a \in \mathbb{R}^+$ 113.7 $a = -5$[1)] 113.8 $f_8(x) = 10^x$ 113.9 $a^3 = 5$, $a = \sqrt[3]{5} \approx 1{,}71$, $f_9(x) = (\sqrt[3]{5})^x$ 113.10 $a = -3$[1)]

[1)] Der vorgegebene Punkt genügt keiner Gleichung einer Exponentialfunktion $y = a^x$ mit $a > 0$. Lässt man dagegen auch Spiegelungen zu, erhält man $f_7(x) = -5^x$ bzw. $f_{10}(x) = -3^x$

114

114.1 $a^{2x} = (a^x)^2$ Er wird quadriert. 114.2 $a^{x+1} = a \cdot a^x$ Er wird mit a multipliziert.

114.3 $a^{\frac{1}{2}x} = \sqrt{a^x}$ Es wird die Wurzel aus $f(x_0)$ gezogen. 114.4 $a^{4x_0} = (a^x)^4$ Er wird mit 4 potenziert.

115

x	2	4	1	−2	−1	8	16
f(x)	3	**9**	$\sqrt{3}$	$\frac{1}{3}$	$\frac{1}{3}\sqrt{3}$	**81**	**6561**

116

116.1 46,765 116.2 1,414 116.3 0,064 116.4 156,993 116.5 13,885

116.6 1,584 116.7 1,262 116.8 0,792 116.9 n.d. 116.10 2,146

116.11 2,93 116.12 2,807 116.13 1,465 116.14 ± 2 116.15 2187

116.16 3,26

117

117.1 $g_1(x) = \sqrt[3]{10^x}$ 117.2 $g_2(x) = 2^x$ 117.3 $g_3(x) = \sqrt{3^x}$

117.4 $g_4(x) = 10^x + 1$ 117.5 $g_5(x) = \log_2 (x + 1)$ 117.6 $g_6(x) = \log_{\frac{1}{2}} x - 1$

118

$G_1 \cong G_5$ G_1 um 1 LE in x-Richtung verschoben, ergibt G_5

$G_1 \cong G_7$ G_1 an Gerade y = x gespiegelt, ergibt G_5

$G_1 \cong G_8$ G_1 an x-Achse gespiegelt, ergibt G_8

$G_1 \cong G_9$ G_1 an y-Achse gespiegelt, ergibt G_9

$G_2 \cong G_3$ G_2 an y-Achse gespiegelt, ergibt G_3

119

$f_1(x) = 2^x$ $f_2(x) = 2^x - 1$ $f_3(x) = 2^{x-1}$ $f_4(x) = (\frac{2}{3})^x$ $f_5(x) = -2^x$

Winkelfunktionen

120

Winkel α in Gradmaß	0°	30°	60°	**90°**	135°	**150°**	210°	270°	**330°**	360°
Winkel α im Bogenmaß (arc α)	**0**	$\frac{\pi}{6}$	$\frac{\pi}{3}$	$\frac{\pi}{2}$	$\frac{3}{4}\pi$	$\frac{5}{6}\pi$	$\frac{7}{6}\pi$	$\frac{3}{2}\pi$	$\frac{11}{6}\pi$	**2π**

Winkel α in Gradmaß	**180°**	720°	−360°	**57,3°**	25°	**114,6°**	**171,89°**	**343,77°**	10°	1°	−120°
Winkel α im Bogenmaß (arc α)	π	**4π**	**−2π**	1	**0,436**	2	3	6	**0,1745**	**0,01745**	$-\frac{2}{3}\pi$

121

121.1 $7 \cdot 360° + 132° \Rightarrow \beta_1 = 132°$ (2,304)

121.2 $4 \cdot 360° + 132° \Rightarrow \beta_2 = 132°$ (2,304)

121.3 $10 \cdot 360° + 320° \Rightarrow \beta_3 = 320°$ (5,585)

121.4 $1 \cdot 360° + 116° \Rightarrow \beta_4 = 116°$ (2,024)

121.5 $7 \cdot 360° + 210° \Rightarrow \beta_5 = 210°$ ($3{,}665 \approx \frac{7}{6}\pi$)

121.6 $1 \cdot 360° + 218° \Rightarrow \beta_6 = 218°$ (3,805)

122

	30°	−45°	120°	−120°	240°	−300°	405°
sin x	$\frac{1}{2}$	$-\frac{1}{2}\sqrt{2}$	$\frac{1}{2}\sqrt{3}$	$-\frac{1}{2}\sqrt{3}$	$-\frac{1}{2}\sqrt{3}$	$\frac{1}{2}\sqrt{3}$	$\frac{1}{2}\sqrt{2}$
cos x	$\frac{1}{2}\sqrt{3}$	$\frac{1}{2}\sqrt{2}$	$-\frac{1}{2}$	$-\frac{1}{2}$	$-\frac{1}{2}$	$\frac{1}{2}$	$\frac{1}{2}\sqrt{2}$
tan x	$\frac{1}{3}\sqrt{3}$	−1	$-\sqrt{3}$	$\sqrt{3}$	$\sqrt{3}$	$\sqrt{3}$	1

123

f(x) \ x	2	**0,347**	$\frac{\pi}{3}$	**1,3734**
sin x für $x \in [0; 2\pi[$	**0,909**	0,34	$\frac{1}{2}\sqrt{3}$	**0,981**
cos x für $x \in [0; 2\pi[$	**−0,416**	**0,9404**	0,5	**0,196**
tan x für $x \in [0; \pi[$ und $x \neq \frac{\pi}{2}$	**−2,185**	**0,362**	$\sqrt{3}$	5

124 a)

124.1 $x_1 = \frac{3}{2}\pi$

124.2 $x_1 = \frac{1}{3}\pi;\ x_2 = \frac{5}{3}\pi$

124.3 $x_1 = \frac{1}{3}\pi;\ x_2 = \frac{2}{3}\pi$

124.4 $x_1 = \frac{5}{6}\pi;\ x_2 = \frac{7}{6}\pi$

124.5 $x_1 = \frac{\pi}{4};\quad x_2 = -\frac{7}{4}\pi$

124.6 $x_1 = 0$

124.7 $x_1 = \pi;\ x_2 = 0$

124.8 keine Lösung

124.9 $x_1 = \frac{\pi}{2};\quad x_2 = \frac{3}{2}\pi$

124.10 $x_1 = \frac{7}{6}\pi;\ x_2 = \frac{11}{6}\pi$

124.11 $x_1 = \frac{4}{3}\pi;\ x_2 = \frac{5}{3}\pi$

124.12 $x_1 = \frac{3}{4}\pi;\ x_2 = \frac{5}{4}\pi$

b) jeweils: $x_{1/2} + 2k\pi,\ k \in \mathbb{Z}$

125

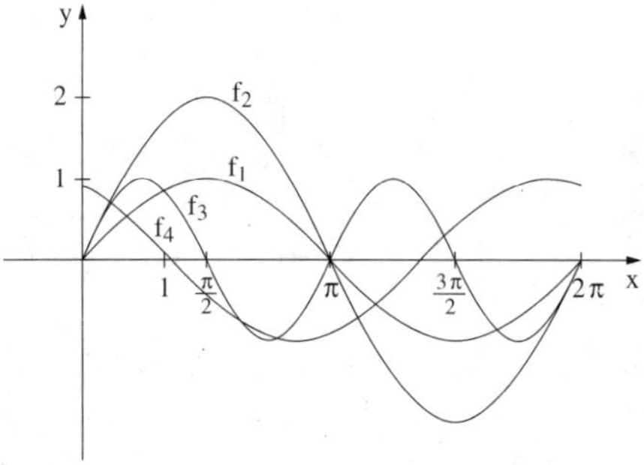

126

126.1 $a_1 = 3{,}2$ $b_1 = \frac{1}{2}$ 126.2 $a_2 = 2\pi$ $b_2 = \pi$ 126.3 $a_3 = 0{,}75$ $b_3 = 2$

126.4 $a_4 = 3{,}5$ $b_4 = 3$ 126.5 $a_5 = 0{,}1$ $b_5 = \frac{4}{3}$ 126.6 $a_6 = -2$ $b_6 = \frac{1}{3}$

127

127.1 $\tan x = \frac{\sin x}{\cos x}$; $x_1 = \frac{\pi}{6}$ $x_2 = \frac{5}{6}\pi$ 127.2 $\tan x = 1 \Leftrightarrow x_1 = \frac{\pi}{4}$ $x_2 = \frac{5}{4}\pi$ 127.3 $\sin x = u$ $x_1 = \frac{\pi}{6}$ $x_2 = \frac{5}{6}\pi$

127.4 $x_1 = 0{,}6747$
$x_2 = \pi - 0{,}6747 = 2{,}4668$
$x_3 = \pi + 0{,}6747 = 3{,}8163$
$x_4 = 2\pi - 0{,}6747 = 5{,}6085$

127.5 $x_1 = 0{,}6435$ $x_2 = 3{,}7850$

127.6 $L = \varnothing$

127.7 $x_1 = \frac{\pi}{9}$ $x_2 = \frac{4}{9}\pi$ $x_3 = \frac{7}{9}\pi$
$x_4 = \frac{10}{9}\pi$; $x_5 = \frac{13}{9}\pi$ $x_6 = \frac{16}{9}\pi$

127.8 $x_1 = \pi$

127.9 $x_1 = \frac{2}{9}\pi$ $x_2 = \frac{4}{9}\pi$

128

128.1	sin	cos	tan	
α	$\sin\alpha = \frac{e}{f}$	**cos α =** $\mathbf{\frac{g}{f}}$	**tan α =** $\mathbf{\frac{e}{g}}$	Hypotenuse $\overline{EG} = f$
β	**sin β =** $\mathbf{\frac{g}{f}}$	$\cos\beta = \frac{e}{f}$	**tan β =** $\mathbf{\frac{g}{e}}$	Satz des PYTHAGORAS: $\mathbf{f^2 = e^2 + g^2}$

128.2	sin	cos	tan	
γ	**sin γ =** $\mathbf{\frac{r}{t}}$	**cos γ =** $\mathbf{\frac{s}{t}}$	**tan γ =** $\mathbf{\frac{r}{s}}$	Hypotenuse: **t**
ϕ	**sin ϕ =** $\mathbf{\frac{s}{t}}$	**cos ϕ =** $\mathbf{\frac{r}{t}}$	**tan ϕ =** $\mathbf{\frac{s}{r}}$	Satz des PYTHAGORAS: $\mathbf{t^2 = r^2 + s^2}$

128.3	sin	cos	tan	Kathetensatz: $\mathbf{a^2 = qc}$ $\mathbf{b^2 = pc}$
α	$\mathbf{sin}\ \alpha = \frac{b}{c} = \frac{h}{a}$	$\mathbf{cos}\ \alpha = \frac{a}{c} = \frac{q}{a}$	$\mathbf{tan}\ \alpha = \frac{b}{a} = \frac{h}{q}$	Höhe h = $\sqrt{\mathbf{pq}}$ $= \sqrt{\mathbf{b^2 - p^2}} = \dots$
β	$\mathbf{sin}\ \beta = \frac{a}{c} = \frac{h}{b}$	$\mathbf{cos}\ \beta = \frac{b}{c} = \frac{p}{b}$	$\mathbf{tan}\ \beta = \frac{a}{b} = \frac{h}{p}$	Satz des PYTHAGORAS: • $a^2 = h^2 + q^2$ • $\mathbf{b^2 = h^2 + p^2}$ • $\mathbf{c^2 = a^2 + b^2}$

128.4	sin	cos	tan	
τ	$\mathbf{sin}\ \tau = \frac{\lvert\overline{AC}\rvert}{\lvert\overline{AB}\rvert}$	$\mathbf{cos}\ \tau = \frac{\lvert\overline{BC}\rvert}{\lvert\overline{AB}\rvert}$	$\mathbf{tan}\ \tau = \frac{\lvert\overline{AC}\rvert}{\lvert\overline{BC}\rvert}$	Hypotenuse: $\mathbf{\overline{AB}}$
δ	$\mathbf{sin}\ \delta = \frac{\lvert\overline{BC}\rvert}{\lvert\overline{AB}\rvert}$	$\mathbf{cos}\ \delta = \frac{\lvert\overline{AC}\rvert}{\lvert\overline{AB}\rvert}$	$\mathbf{tan}\ \delta = \frac{\lvert\overline{BC}\rvert}{\lvert\overline{AC}\rvert}$	Satz des PYTHAGORAS: $\lvert\overline{AB}\rvert^2 = \lvert\overline{AC}\rvert^2 + \lvert\overline{BC}\rvert^2$

128.5	sin	cos	tan	
λ	$\mathbf{sin}\ \lambda = \frac{z}{x}$	$\mathbf{cos}\ \lambda = \frac{y}{x}$	$\mathbf{tan}\ \lambda = \frac{z}{y}$	Hypotenuse: **x**
μ	$\mathbf{sin}\ \mu = \frac{y}{x}$	$\mathbf{cos}\ \mu = \frac{z}{x}$	$\mathbf{tan}\ \mu = \frac{y}{z}$	Satz des PYTHAGORAS: $\mathbf{x^2 = y^2 + z^2}$

128.6	sin	cos	tan	
α	$\mathbf{sin}\ \alpha = \frac{f}{d}$	$\mathbf{cos}\ \alpha = \frac{e}{d}$	$\mathbf{tan}\ \alpha = \frac{f}{e}$	Hypotenuse: **d**
β	$\mathbf{sin}\ \beta = \frac{e}{d}$	$\mathbf{cos}\ \beta = \frac{f}{d}$	$\mathbf{tan}\ \beta = \frac{e}{f}$	Satz des PYTHAGORAS: $\mathbf{d^2 = e^2 + f^2}$

129

129.1 $\delta = 180° - \phi - \mu$

$\frac{f}{d} = \frac{\sin\phi}{\sin\delta} \Rightarrow f = \frac{d \cdot \sin\phi}{\sin\delta}$

$\frac{m}{d} = \frac{\sin\mu}{\sin\delta} \Rightarrow m = \frac{d \cdot \sin\mu}{\sin\delta}$ (oder Kosinussatz)

129.2 $\frac{m}{f} = \frac{\sin\mu}{\sin\phi} \Rightarrow \sin\mu = \frac{m \cdot \sin\phi}{f} \Rightarrow \mu$

$\delta = 180° - \phi - \mu$

$\frac{d}{m} = \frac{\sin\delta}{\sin\mu} \Rightarrow d = \frac{m \cdot \sin\delta}{\sin\mu}$

(u. U. 2 Lösungen; nur eindeutig für f > m)

129.3 $f = \sqrt{m^2 + d^2 - 2md\cos\phi}$

$\frac{d}{f} = \frac{\sin\delta}{\sin\phi} \Rightarrow \sin\delta = \frac{d \cdot \sin\phi}{f} \Rightarrow \delta$

$\mu = 180° - \phi - \delta$

129.4 $f^2 = m^2 + d^2 - 2md\cos\phi \Rightarrow \cos\phi = \frac{f^2 - m^2 - d^2}{-2md} \Rightarrow \phi$

$\frac{\sin\mu}{\sin\phi} = \frac{m}{f} \Rightarrow \sin\mu = \frac{m \cdot \sin\phi}{f} \Rightarrow \mu$

$\delta = 180° - \phi - \mu$

Gleichungen / Ungleichungen / Gleichungssysteme

130

130.1
$$
\begin{aligned}
6x - (11 - 5x) &= -2 \cdot (3x - 37)\\
6x - 11 + 5x &= -6x + 74\\
11x + 6x &= 74 + 11\\
17x &= 85\\
x &= 5
\end{aligned}
$$

Also gilt: $L = \{5\}$

Zur Vereinfachung verzichten wir i. Allg. auf die Angabe der Lösungsmenge und geben nur die einfachste Form der Gleichung (hier also $x = 5$) an bzw. zählen die zur Lösungsmenge gehörenden Elemente auf ($x_1 = \ldots, x_2 = \ldots$)

Probe:

	linke Seite:	rechte Seite:
	$6 \cdot 5 - (11 - 5 \cdot 5)$	$-2 \cdot (3 \cdot 5 - 37)$
	$= 30 - (11 - 25)$	$= -2\,(15 - 37)$
	$= 30 + 14 = 44$	$= (-2) \cdot (-22) = 44$
Vergleich:	$44 = 44$	

(Auf die Angabe der Probe wird nachfolgend i. Allg. verzichtet.)

130.2
$$
\begin{aligned}
3x - 2b + 5 &= 7a\\
3x &= 7a + 2b - 5\\
x &= \frac{7a + 2b - 5}{3}
\end{aligned}
$$

130.3
$$
\begin{aligned}
4ax - 2c &= 5\\
4ax &= 2c + 5\\
x &= \frac{2c + 5}{4a} = \frac{c}{2a} + \frac{5}{4a}
\end{aligned}
$$

130.4
$$
\begin{aligned}
5x - 2bx &= 10 - 4b\\
x\,(5 - 2b) &= 10 - 4b\\
x &= \frac{10 - 4b}{5 - 2b}\\
x &= \frac{2(5 - 2b)}{5 - 2b}\\
x &= 2
\end{aligned}
$$

130.5
$$
\begin{aligned}
2ax + 3bx &= 5 - 2c + x\\
2ax + 3bx - x &= 5 - 2c\\
x\,(2a + 3b - 1) &= 5 - 2c\\
x &= \frac{5 - 2c}{2a + 3b - 1}
\end{aligned}
$$

131

131.1	$x = 5$	131.2	$x = 36$	131.3	$x = 2$	131.4	$x = 12$
131.5	$x = \frac{11}{16}$	131.6	$z = 3$	131.7	$n = 3{,}5$	131.8	$r = 2$
131.9	$s = 5$	131.10	$t = 6$	131.11	$y = 125$	131.12	$x = 3{,}5$
131.13	$L = \mathbb{R}$	131.14	$x = 20$	131.15	$x = 9$	131.16	$s = -3$
131.17	$r = -20$	131.18	$c = -\frac{2}{75} = -0{,}02\overline{6}$	131.19	$m = 2$	131.20	$t = -18$
131.21	$x = -\frac{1}{4}$	131.22	$x = \frac{73}{14}$				

132

132.1	$x = \frac{-3a + 4t + 3}{5}$	132.2	$x = \frac{2r + 3}{6} = \frac{1}{3}r + \frac{1}{2}$	132.3	n.l.	132.4	$x = \frac{3y + 7}{2}$

133

133.1	$x = \frac{4c + 7}{5b}$	133.2	$x = \frac{12b + 5}{4b} = 3 + \frac{5}{4b}$	133.3	$x = \frac{6 + 13c}{3r}$	133.4	$x = \frac{a - 11}{a} = 1 - \frac{11}{a}$

134

134.1	$x = \frac{13b}{2 - 5b}$	134.2	$x = \frac{15 - 10r}{3 - 2r} = 5$	134.3	$x = \frac{2s - 5}{s - (2{,}5)} = 2$	134.4	$x = -\frac{1}{3d + 2}$

135

135.1 $x = \frac{4-7t}{3r+6s-1}$

135.2 $x = \frac{10a-6s}{5a-3s} = 2$

135.3 $x = \frac{2}{5r+7s-3b}$

135.4 $x = \frac{13}{1{,}3a+2{,}6b-52} = \frac{10}{a+2b-40}$

136

136.1
$$\frac{8}{5x} - \frac{\overset{7}{\cancel{14}}}{\underset{5}{\cancel{10}}x} = \frac{1}{5}$$
$$\frac{8-7}{5x} = \frac{x}{5x}$$
$$x = 1 \qquad L = \{1\}$$

136.2
$$\frac{3x}{x(x+14)} = \frac{x+4}{x(x+4)}$$
$$3x = x+4$$
$$x = 2 \qquad L = \{2\}$$

136.3
$$\frac{3x}{x(x+14)} = \frac{x+4}{x(x+4)}$$
$$4 = 2x$$
$$x = 2 \qquad L = \emptyset$$
(Aufgabenterme sind für x = 2 nicht definiert.)

136.4
$$\frac{x(x-2)+2(x-1)}{(x-1)(x-2)} = \frac{x-2+x(x-1)}{(x-1)(x-2)}$$
$$x^2-2x+2x-2 = x-2+x^2-x$$
$$-2 = -2 \qquad L = \{x \mid x \in \mathbb{R}\}$$

137

137.1 $L = \{1\}$

137.2 $L = \{5\}$

137.3 $L = \{1\}$

137.4 $L = \{2\}$

137.5 $L = \{\frac{1}{12}\}$

137.6 $L = \{2\}$

137.7 $L = \{16\}$

137.8 $L = \{7{,}5\}$

137.9 $L = \{10\}$

137.10 $L = \{11\}$

137.11 $L = \{\frac{7}{5}\}$

137.12 $L = \{\emptyset\}$

137.13 $L = \{\emptyset\}$

137.14 $L = \{2\}$

137.15 $L = \{35\}$

137.16 $L = \{\frac{2}{7}\}$

137.17 $L = \{-\frac{3}{5}\}$

137.18 $L = \{x \mid x \in \mathbb{R}\}$

138

138.1
$$\frac{a+b}{x} = c$$
$$a+b = cx$$
$$x = \frac{a+b}{c} \quad \text{für } c \neq 0$$

$\Rightarrow$ (1) $L = \emptyset$
(2) $L = \{\frac{a+b}{c}\}$
(3) $L = \mathbb{R} \setminus \{0\}$
(4) $L = \emptyset$

138.2
$$\frac{(x+a)^2-(x-a)^2}{(x-a)(x+a)} = \frac{8a^2}{(x-a)(x+a)}$$
$$x^2+2ax+a^2-x^2+2ax \quad a^2 = 8a^2$$
$$4ax = 8a^2$$
$$x = \frac{8a^2}{4a} = 2a$$

$\Rightarrow$ für $a \neq 0$: $L = \{2a\}$
für $a = 0$: $L = \mathbb{R} \setminus \{0\}$

139

139.1
für $c \neq 0 \wedge a = b$ $L = \emptyset$
für $c \neq 0 \wedge b \neq a$ $L = \{\frac{a-b}{c}\}$
für $c = 0 \wedge a = b$ $L = \mathbb{R}\setminus\{0\}$
für $c = 0 \wedge a \neq b$ $L = \emptyset$

139.2
für $a = b$ $L = \mathbb{R}\setminus\{0\}$
für $a \neq b$ $L = \{1\}$

139.3
für $c = 0 \wedge a = 0$ $L = \mathbb{R}\setminus\{0\}$
für $c = 0 \wedge a \neq 0$ $L = \emptyset$
für $c \neq 0 \wedge a = 0$ $L = \emptyset$
für $c \neq 0 \wedge a \neq 0$ $L = \{\frac{a}{bc}\}$

139.4
für $a = -b$ $L = \emptyset$
für $a \neq -b$ $L = \{\frac{2ab}{a+b}\}$

139.5
für $a = 0$ $L = \emptyset$
für $a \neq 0$ $L = \{a \cdot b\}$

139.6
für $b = -a$ $L = \emptyset$
für $b \neq a$ $L = \{\frac{ab}{a+b}\}$

139.7 für $c = 0$ $L = \emptyset$
für $c \neq 0$ $L = \{\frac{c+1}{c}\}$

139.8 für $d = 2$ $L = \emptyset$
für $d \neq 2$ $L = \{\frac{d^2}{d-2}\}$

139.9 für $a = 1$ $L = \emptyset$
für $a \neq 1$ $L = \{\frac{1}{3(a-1)}\}$

139.10 für $a = \frac{4}{3}$ $L = \emptyset$
für $a \neq \frac{4}{3}$ $L = \{\frac{9a-14}{3a-4}\}$

139.11 für $a = \frac{1}{5}$ $L = \emptyset$
für $a \neq \frac{1}{5}$ $L = \{\frac{-30a+9}{10a-2}\}$

139.12 $L = \{\frac{4}{3}\}$

140

140.1 $x = \frac{2a-3}{2a-2}$ 140.2 $x = \frac{9-15a}{5a-1}$ 140.3 $x = \frac{a+4}{2a+7}$ 140.4 $x = \frac{12(a+3)}{5(1-8a^2-24a)}$

141

141.1 $x = \frac{-a^2-a+2}{a^2+4a-2}$ 141.2 $x = 2a$ 141.3 $x = -\frac{a}{2}$ 141.4 $x = \frac{-a-2}{2a+1}$

142

$|3x-4| = 7x+5$

Fall I: $3x - 4 \geq 0$, also $x \geq \frac{4}{3}$
$\Rightarrow |3x-4| = 3x-4$
$3x - 4 = 7x + 5$
$-4x = 9$
$x_1 = -\frac{9}{4}$

Probe I: Die Probe mit der „Lösung" $x_1 = -\frac{9}{4}$ führt zu einem Widerspruch.
(auch: x_1 ist keine Lösung, da $x_1 \not\geq \frac{4}{3}$)

Fall II: $3x - 4 < 0$, also $x < \frac{4}{3}$
$\Rightarrow |3x-4| = -(3x-4)$
$-3x + 4 = 7x + 5$
$-10x = 1$
$x_2 = -\frac{1}{10}$ $(< \frac{4}{3})$

Probe II: $|3 \cdot (-\frac{1}{10}) - 4| = |-4{,}3|$ $7 \cdot (-\frac{1}{10}) + 5 = 4{,}3$
$4{,}3 = 4{,}3$
$\Rightarrow L = \{-\frac{1}{10}\}$

143

143.1 $L = \{\frac{5}{3}; -\frac{1}{13}\}$ 143.2 $L = \emptyset$ 143.3 $L = \{1\}$ 143.4 $L = \{\frac{9}{7}\}$ 143.5 $L = \{0; \frac{1}{4}\}$
143.6 $L = \emptyset$ 143.7 $L = \{0; 3\}$ 143.8 $L = \{\frac{1}{2}\}$ 143.9 $L = \{1{,}25\}$

144

144.1 $-2x - 4 < 2$ $|+4$
$-2x < 6$ $|:(-2)$
$x > -3$, also: $L = \{x \mid x > -3$ und $x \in \mathbb{N}$ bzw. $\mathbb{Z}, \mathbb{Q}^+ \mathbb{R}\}$

$L \subseteq \mathbb{N}$
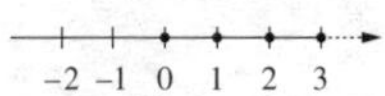

$L \subseteq \mathbb{Z}$
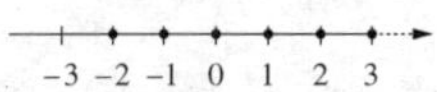

144.2 $8x - 4 < 5x + 2$ $|-5x$
$3x - 4 < 2$ $|+4$
$3x < 6$ $|:3$
$x < 2$, also: $L = \{x \mid x < 2$ und $x \in \mathbb{N}$ bzw. $\mathbb{Z}, \mathbb{Q}^+ \mathbb{R}\}$

$L \subseteq \mathbb{N}$
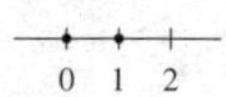

$L \subseteq \mathbb{Z}$
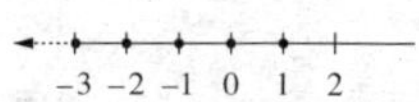

$L \subseteq \mathbb{R}$

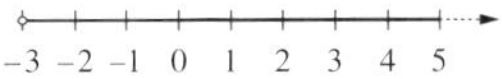

$L \subseteq \mathbb{Q}^+$

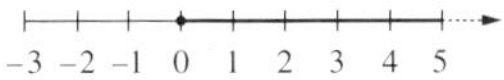

$L \subseteq \mathbb{R}$

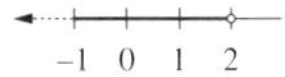

$L \subseteq \mathbb{Q}^+$

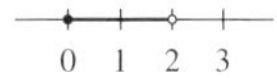

145

145.1	$x \geq -3$	145.2	$x < 5$	145.3	$x \geq -1{,}3$	145.4	$x < -9$
145.5	$x > -8$	145.6	$x > 1$	145.7	$x < 20$	145.8	$x < \frac{1}{2}$
145.9	$x > 1$	145.10	$x > -\frac{19}{2}$	145.11	$x \leq 1$	145.12	$x < -\frac{20}{3}$

146

146.1	$x \in \{0; 1; 2; \ldots; 7\}$	146.2	$x = 0$	146.3	$x \in \{1; 2; 3; \ldots\}$
146.4	$x \in \{0; 1; 2; 3; \ldots\}$	146.5	$x \in \{0; 1; \ldots; 14\}$	146.6	$x \in \{0; 1\}$
146.7	$x \in \{0; 1; 2; \ldots; 6\}$	146.8	$x = 0$	146.9	$x \in \{0; 1; 2\}$

147

147.1	ja	147.2	ja	147.3	nein	147.4	ja

148

148.1 $L =]-1; 3[\cup [3; 7[=]-1; 7[$

148.2 $L =]-4; 1[$

148.3 $L = R \setminus]0; \frac{4}{3}[$

148.4 nicht lösbar, da der Betrag nicht negativ sein kann

149

Fall 1: $x - 1 > 0$, d.h. $x > 1$
Dann gilt: $6 < x - 1$
$x > 7$
Aus $x > 1$ und $x > 7$ folgt: $x > 7$

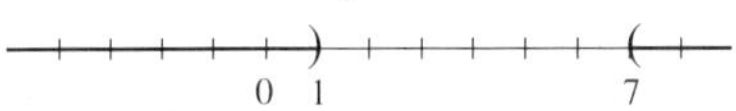

Fall 2: $x - 1 < 0$, d.h. $x < 1$
Dann gilt: $6 > x - 1$
$x < 7$
Aus $x < 1$ und $x < 7$ folgt: $x < 1$

Also $L = \mathbb{R} \setminus [1; 7]$

150

150.1	$L = \mathbb{R} \setminus [0; 3]$	150.2	$L =]-1; 1[$	150.3	$L =]-2; 0[$
150.4	$L = \mathbb{R} \setminus [3; 3{,}5]$	150.5	$L = \mathbb{R} \setminus]-\infty; -1{,}5]$ bzw. $y > -1{,}5$	150.6	$L = \mathbb{R} \setminus [-\frac{1}{2}; \frac{13}{2}]$
150.7	$x \leq -\frac{2}{7}$	150.8	$L = \mathbb{R} \setminus [0; \frac{1}{3}[$	150.9	$L = [-\frac{15}{17}; 0[$

151

151.1 z.B. Gleichsetzungsmethode:

$3x + 1 = 4x - 4$ $\Rightarrow x = 5$; eingesetzt in (I): $y = 20$

$L = \{(x; y) | (5; 20)\}$

151.2 z.B. Einsetzungsmethode:

(II'): $2\,(-\frac{1}{2}x + 5) + 3x - 6 = -x + 10 + 3x - 6 = 2x + 4 = 0$

$\Rightarrow x = -2$; eingesetzt in (I): $y = -\frac{1}{2} \cdot (-2) + 5 = 6$

$L = \{(x; y) | (-2; 6)\}$

151.3 z.B. Additionsmethode:

(I') = (−2) · (I): $-8x + 6y = -14$

(II): $8x + y = \frac{7}{3}$

(I') + (II) = $7y = -\frac{35}{3}$ $\Rightarrow y = -\frac{5}{3}$; eingesetzt in (II)

$8x = \frac{7}{3} + \frac{5}{3} = 4$ $\Rightarrow x = \frac{1}{2}$

$L = \{(x; y) | (\frac{1}{2}; -\frac{5}{3})\}$

152

152.1 $L = \{(x; y) | (2; 1)\}$ 152.2 $L = \{(x; y) | (3; -1)\}$ 152.3 $L = \{(x; y) | (\frac{40}{27}; \frac{161}{27})\}$ 152.4 $L = \{(x; y) | (\frac{32}{5}; \frac{1}{5})\}$

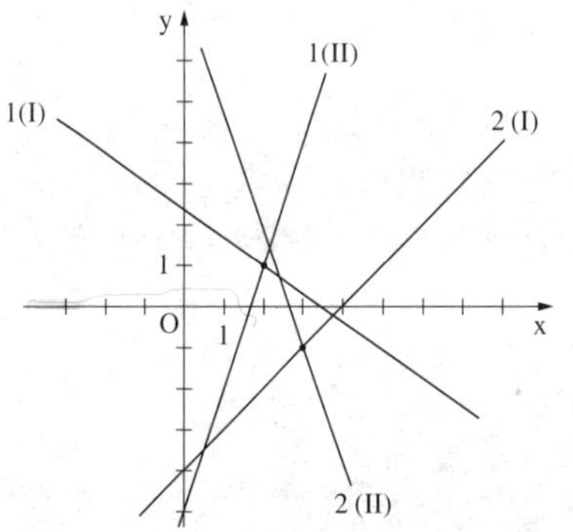

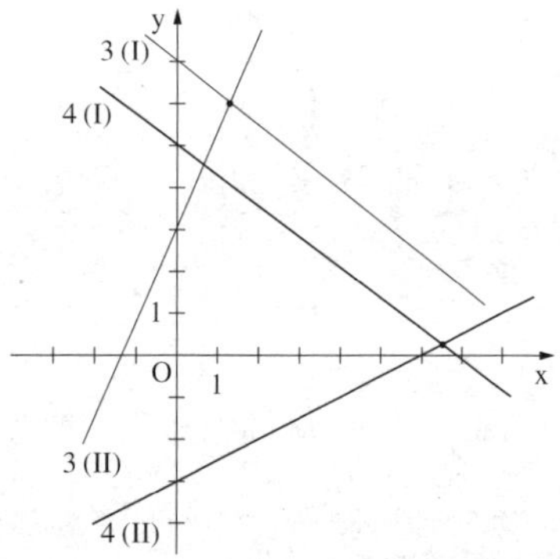

153

153.1	$L = \{(x; y) \| (1{,}5; 1{,}5)\}$	153.2	$L = \{(x; y) \| (4; 3)\}$	153.3	$L = \{(x; y) \| (2; -0{,}5)\}$
153.4	$L = \{(x; y) \| (-2; -3)\}$	153.5	$L = \{(x; y) \| (1{,}5; 0{,}8)\}$	153.6	$L = \{(x; y) \| (3; -4)\}$
153.7	$L = \{(x; y) \| (1; -2)\}$	153.8	$L = \{(x; y) \| (4; 2)\}$	153.9	$L = \{(x; y) \| (2; -1)\}$
153.10	$L = \{(x; y) \| (-\frac{1}{2}; -3)\}$	153.11	$L = \emptyset$	153.12	$L = \{(x; y) \| (x; y = -\frac{3}{4}x + 3)\}$

154

154.1	S(1; 12)	154.2	S(10; 47)	154.3	$S(\frac{5}{6}; \frac{26}{3})$
154.4	S(−2; −8)	154.5	$S(\frac{9}{4}; \frac{153}{4})$	154.6	S(3; 17)
154.7	$S(\frac{6}{5}; \frac{6}{5})$	154.8	S(4; 90)	154.9	kein Schnittpunkt
154.10	kein Schnittpunkt	154.11	alle Punkte gemeinsam	154.12	S(3; 0)

155

$$\begin{array}{rcl} x-3y-2z &=& 3 \quad |\cdot(-3)\,|\cdot(-2)\\ 3x+y-z &=& 4\\ 2x+2y+z &=& 7\\ \hline x-3y-2z &=& 3\\ 10y+5z &=& -5 \quad |:5\\ 8y+5z &=& 1 \quad \cdot(-1)\\ \hline x-3y-2z &=& 3\\ 2y+z &=& -1\\ 2y &=& -6 \quad \Rightarrow y=-3\\ \hline -6+z &=& -1 \quad \Rightarrow z=5\\ x+9-10 &=& 3 \quad \Rightarrow x=4 \end{array}$$

$L = \{(x, y, z) | (4; -3; 5)\}$

156

156.1 $L = \{(15; 12; 10)\}$

156.2 $L = \{(5; 2; 10)\}$

156.3 $L = \varnothing$

156.4 $L = \{(x; y; z) | x \in \mathbb{R}; y + z = 100 - x\}$

156.5 $L = \{(13; 15; 17)\}$

156.6 $L = \varnothing$

156.7 $L = \{(5; -1; -2)\}$

156.8 $L = \{(x; y; z) | x \in \mathbb{R}; y+2z = x+3\}$

156.9 $L = \{(2; 3; 4)\}$

156.10 $L = \{(3; 5; 7)\}$

156.11 $L = \{(1; 2; 3)\}$

156.12 $L = \{(x; y; z) | x = 3; y \in \mathbb{R}; z = y+2\}$

157

157.1 $x^2 - 9 = 0$

$x^2 = 9 \quad \Rightarrow x_{1,2} = \pm 3$

157.2 $x^2 + 3x = 0$

$x(x+3) = 0 \quad \Rightarrow x_1 = 0 \quad x_2 + 3 = 0$

$\Rightarrow x_1 = 0 \quad x_2 = -3$

157.3 $x^2 - 5x + 6 = 0$

$x_{1,2} = \frac{5}{2} \pm \sqrt{\frac{25}{4} - \frac{24}{4}} = \frac{5}{2} \pm \frac{1}{2}$

$x_1 = 3 \quad x_2 = 2$

(auch Anwendung des Wurzelsatzes von VIETA möglich)

157.4 $3x^2 + x - \frac{1}{4} = 0$, also $x^2 + \frac{1}{3}x - \frac{1}{12} = 0$

$\Rightarrow x_{1,2} = -\frac{1}{6} \pm \sqrt{\frac{1+3}{36}} = -\frac{1}{6} \pm \frac{2}{6}$

$x_1 = -\frac{1}{2} \quad x_2 = \frac{1}{6}$

158

158.1 $x_{1/2} = \pm 16$

158.2 $x_{1/2} = \pm 18$

158.3 $x_{1/2} \approx \pm 5{,}7$

158.4 $x_{1/2} = \pm \frac{1}{2}$

158.5 $x_{1/2} = \pm 13$

158.6 $x_{1/2} = \pm 15$

158.7 $L = \varnothing$

158.8 $x_{1/2} = \pm 2{,}1$

158.9 $x_{1/2} = \pm 2$

158.10 $x_{1/2} = \pm 5$

158.11 $x_{1/2} = \pm \sqrt{0{,}6}$

158.12 $x_1 = 0$; $x_2 = 0{,}6$

158.13 $x \cdot (x - 12) = 0$; $x_1 = 0$; $x_2 = 12$

158.14 $5x(x - 7) = 0$; $x_1 = 0$; $x_2 = 7$

158.15 $8x(x - 6) = 0$; $x_1 = 0$; $x_2 = 6$

158.16 $(x - 3) = \pm 1{,}4$ $x_1 = 4{,}4$; $x_2 = 1{,}6$

158.17 $(x + 3)^2 = 0$; $x_{1/2} = -3$

158.18 $(x + 6)^2 = 0$; $x_{1/2} = -6$

158.19 $(x - 2)^2 = 0$; $x_{1/2} = 2$

158.20 $4 \cdot (x + 2)^2 = 0$; $x_{1/2} = -2$

158.21 $(x - 1)^2 - 1 = 15$; $(x - 1)^2 = 16$; $x_1 = 5$; $x_2 = -3$

159

159.1 $x_1 = 3$ $x_2 = -4$

159.2 $x_1 = 9$ $x_2 = -10$

159.3 $x^2 + 2x + \frac{5}{2} = 0 \Rightarrow$
$x_{1/2} = -1 \pm \sqrt{1 - \frac{5}{2}}$ $L = \emptyset$

159.4 $x_1 = 0{,}1$ $x_2 = 0{,}2$

159.5 $r_1 = \frac{1}{4}$ $r_2 = \frac{1}{2}$

159.6 $x_1 = 3{,}1$ $x_2 = 2{,}1$

159.7 $x^2 + 2x - \frac{5}{4} = 0 \Rightarrow$
$x_1 = -2{,}5$ $x_2 = 0{,}5$

159.8 $x_1 = 3$ $x_2 = 37$

159.9 $x_1 = 5$ $x_2 = 12$

159.10 $x_1 = \frac{3}{4}$

159.11 $L = \emptyset$

159.12 $k_1 \approx 1{,}71$ $k_2 \approx 0{,}29$

159.13 $x_1 = 3$ $x_2 = 5$

159.14 $x_1 = \frac{11}{2}$ $x_2 = -\frac{3}{7}$

159.15 $x_1 = \frac{65}{91}$ $x_2 = -\frac{63}{91}$

159.16 $x_1 = 5{,}3$ $x_2 = 1{,}5$

159.17 $x_1 = 2{,}5$ $x_2 = -3$

159.18 $x = -2$

160

	S_1	S_2
$f_1(x) = x^2 - 3x + 2$	**(1; 0)**	**(2; 0)**
$f_2(x) = x^2 - 6x + 9$	**(3; 0)**	–
$f_3(x) = x^2 + x - 6$	**(–3; 0)**	**(2; 0)**
$f_4(x) = 8x^2 - 6x + 1$	$(\frac{1}{4}; 0)$	$(\frac{1}{2}; 0)$
$f_5(x) = x^2 + 1{,}96$	–	–
$f_6(x) = x^2 - x - 12$	**(–3; 0)**	**(4; 0)**

	S_1	S_2
$f_7(x) = x^2 + 5x - 14$	**(–7; 0)**	**(2; 0)**
$f_8(x) = x^2 - 1\,100\,x + 100\,000$	**(100; 0)**	**(1000; 0)**
$f_9(x) = 0{,}1x^2 - 4{,}1x + 42$	**(20; 0)**	**(21; 0)**
$f_{10}(x) = \frac{1}{5}x^2 - \frac{17}{5}x - 46$	**(23; 0)**	**(–10; 0)**
$f_{11}(x) = x^2 - 2x - 15$	**(5; 0)**	**(–3; 0)**
$f_{12}(x) = -x^2 + \frac{1}{2}x - \frac{1}{16}$	$(\frac{1}{4}; 0)$	–

161

161.1 $x^2 + 2x - 15 = 0 \Rightarrow x_1 = -5;\ x_2 = 3$
$x^2 + 2x - 15 = (x + 5)(x - 3)$

161.2 $2x^2 + 4x - 30 = 2(x^2 + 2x - 15)$
$x^2 + 2x - 15 = 0 \Rightarrow x_1 = -5;\ x_2 = 3$
$2x^2 + 4x - 30 = 2(x + 5)(x - 3)$

162

162.1 $(x - 3)(x + 5)$

162.2 $(x + 2)(x - 7)$

162.3 $(y - \frac{1}{2} + \frac{1}{2}\sqrt{2})(y - \frac{1}{2} - \frac{1}{2}\sqrt{2})$

162.4 $(z + 3)\cdot(z - \frac{1}{2})$

162.5 $3\cdot(x - 2)(x + \frac{4}{3})$

162.6 $6\cdot(x + \frac{1}{2})(x - \frac{1}{3})$

162.7 $-7(x - 3)(x - \frac{1}{7})$

162.8 $5\cdot(y - 1 + \sqrt{3}\,(y - 1 - \sqrt{3})$

162.9 $-3(k - \frac{1}{3})(k + \frac{1}{2})$

163

163.1 $p = -7;\ q = 12$

163.2 $p = -1;\ q = 0$

163.3 $p = -1;\ q = -6$

163.4 $p = -9;\ q = 20$

163.5 $p = -1;\ q = -6$

163.6 $p = 1;\ q = 0$

163.7 $p = -4;\ q = 4$

163.8 $p = 5;\ q = 6$

164

x_{N1}	x_{N2}	$f(x) =$
–1	3	$\mathbf{x^2 - 2x - 3}$
4	–5	$\mathbf{x^2 + x - 20}$
3	2	$\mathbf{x^2 - 5x + 6}$
2	–2	$\mathbf{x^2 - 4}$
3	–4	$\mathbf{x^2 + x - 12}$

x_{N1}	x_{N2}	$f(x) =$
–1,5	2,8	$\mathbf{x^2 - 1{,}3x - 4{,}2}$
$\frac{4}{5}$	$\frac{3}{2}$	$\mathbf{x^2 - \frac{23}{10}x + \frac{6}{5}}$
$\frac{7}{8}$	$\frac{2}{5}$	$\mathbf{x^2 - \frac{51}{40}x + \frac{7}{20}}$
0,1	3	$\mathbf{x^2 - 3{,}1x + 0{,}3}$
$\sqrt{2} - \sqrt{3}$	$\sqrt{2} + \sqrt{3}$	$\mathbf{x^2 - 2\sqrt{2} - 1}$

165

165.1	$b_1 = -4$	$x_{12} = -3$	165.2	$b_2 = 18$	$x_{22} = -9$	165.3	$b_3 = -1$	$x_{32} = -\frac{1}{2}$
165.4	$b_4 = 4$	$x_{42} = -2$	165.5	$b_5 = -2$	$x_{52} = \frac{1}{2}$	165.6	$b_6 = 5$	$x_{62} = -\frac{3}{2}$

166

$x^4 - 5x^2 + 4 = 0;$ $\quad x^2 = u \quad x = \pm\sqrt{u} \quad$ (falls $u \geq 0$)

$u^2 - 5u + 4 = 0$

$u_{1/2} = +2{,}5 \pm \sqrt{6{,}25 - 4}$

$u_1 = +1 \quad \Rightarrow x_1 = -1 \quad \Rightarrow x_2 = 1$

$u_2 = +4 \quad \Rightarrow x_3 = -2 \quad \Rightarrow x_4 = 2$

167

167.1	$L = \{-\sqrt{3}\,;\ \sqrt{3}\}$	167.2	$L = \{0; -1; 1; -2; 2\}$	167.3	$L = \{1{,}22; -1{,}22\}$
167.4	$L = \{0; -\sqrt{3}\,;\ \sqrt{3}\}$	167.5	$L = \{-\sqrt{2}\,; +\sqrt{2}\}$	167.6	$L = \{1\}$
167.7	$\sin x = \frac{1}{2} \Rightarrow L = \{\frac{\pi}{6}\}$	167.8	$\sin x = \pm\frac{1}{2}\sqrt{2} \Rightarrow L = \{\frac{\pi}{4}; \frac{3\pi}{4}\}$	167.9	$\lg x_1 = 2 \Rightarrow L = \{100\}$
167.10	$\lg x_1 = -1$ fi $L = \{\frac{1}{10}\}$	167.11	$\lg_4 x_1 = \frac{1}{2} \Rightarrow L = \{2\}$	167.12	$x_1 = 2 \quad x_2 = -2$

168

168.1

$\sqrt{4x} = 6$

$4x = 36 \quad \Rightarrow x = 9 \quad$ **L = {9}**

168.2

$\sqrt{7x+4} = \sqrt{31-2x}$

$7x + 4 = 31 - 2x \quad$ (falls $31 > 2x$)

$9x = 27 \quad \Rightarrow x = 3 \quad$ **L = {3}**

168.3

$\sqrt{x+1} = \sqrt{2x+3} - 1$

$(x+1) - 2\sqrt{(x+1)(2x+3)} + (2x+3) = 1$

$3x + 3 = 2\sqrt{2x^2 + 5x + 3}$

$\Rightarrow x^2 - 2x - 3 = 0 \quad x_1 = 3; \quad x_2 = -1;$ nach Probe: **L = {3; –1}**

168.4

$\sqrt{3x-2} - 5 = -\sqrt{2x+5}$

$\sqrt{3x-2} + \sqrt{2x+5} = 5$

$(3x-2) + 2\sqrt{3x-2}\cdot\sqrt{2x+5} + (2x+5) = 25 \quad$ (falls $3x - 2 > 0$)

$2\sqrt{(3x-2)(2x+5)} = 22 - 5x$

$4\cdot(6x^2 + 11x - 10) = (22-5x)^2 = 484 - 220x + 25x2$

$x^2 - 264x + 524 = 0$

$x_{1/2} = 132 \pm \sqrt{132^2 - 524} = 132 \pm 130$

$x_1 = 262; x_2 = 2;$ nach Probe: **L = {2}**

169

169.1	$L = \{-\frac{3}{7}\}$	169.2	$L = \{\frac{23}{2}\}$	169.3	$L = \{2\}$	169.4	$L = \{10\}$
169.5	$L = \{1; 3\}$	169.6	$L = \emptyset$	169.7	$L = \{9\}$	169.8	$L = \{16\}$
169.9	$L = \{3\}$	169.10	$L = \{-\frac{9}{4}\}$	169.11	$L = \emptyset$	169.12	$L = \emptyset$

170

170.1	0,778	170.2	$\lg 2 - \lg 3 \approx -0{,}176$	170.3	1,544
170.4	1,778	170.5	1,398	170.6	1,431
170.7	$3 \cdot \lg 15 \approx 3{,}528$	170.8	−0,574	170.9	$\lg \frac{2}{5} \approx -0{,}398$
170.10	0	170.11	9,031	170.12	−0,301
170.13	−0,699	170.14	1	170.15	1,301

171

171.1	$\lg 12x^2$	171.2	$\lg \frac{2x}{6x} = \lg \frac{1}{3}$	171.3	$\lg \frac{x^2}{2x} = \lg \frac{x}{2}$
171.4	$\lg (8x^6 \cdot \frac{1}{4} x) = \lg 2x^7$	171.5	$\lg \frac{3^5 x^5}{2x} = \lg \frac{3^5}{2} x^4$	171.6	$\lg \frac{(5x)^4}{25} = \lg 25x^4$

172

172.1	$x = 100$	172.2	$x = 0{,}001$	172.3	$x = 32$	172.4	$x = 216$
172.5	$x = \frac{1}{4}$	172.6	$x = 16$	172.7	$x = \frac{1}{9}$	172.8	$x = a$
172.9	$x = 10$	172.10	$x = -4$	172.11	$x = \frac{1}{4}$	172.12	$x = -2$
172.13	$x = 4$	172.14	$x = -5$	172.15	$x = 128$	172.16	$x = 81$
172.17	$x = 625$	172.18	$x = \frac{1}{128}$	172.19	$x = \frac{1}{2}\sqrt{2}$	172.20	$x = -3$
172.21	$x = \frac{1}{3}$	172.22	$x = 6$	172.23	$x = \frac{1}{3}$	172.24	$x = 27$

173

173.1	$x = 4{,}845$	173.2	$x = 2{,}513$	173.3	$x = 3{,}261$
173.4	$x = -0{,}594$	173.5	$x = -1{,}2016$	173.6	$x = 8{,}381$

174

174.1	$x_1 = 11 \quad x_2 = -11$	174.2	$x_1 = 12{,}198 \quad x_2 = -8{,}198$	174.3	$x = 1003$
174.4	$x = -312$	174.5	$x_1 = 0 \quad x_2 = -4$	174.6	$x = 50{,}4$
174.7	$x = 125$	174.8	$x = \frac{a}{b}$	174.9	$x = b^3$
174.10	$x = \frac{\sqrt[3]{a}\,\sqrt{b}}{c} = \sqrt[6]{\frac{a^2 b^3}{c^6}}$	174.11	$x = \frac{a^3 \cdot b^2}{c^4}$	174.12	$x = 2$
174.13	$x = 10$ $(x = -14 < 0!)$	174.14	$x_1 = 1 \quad x_2 = 10$	174.15	$x = 3$
174.16	$x = 4$ $(x = -3 \notin L!)$				

175

175.1	$x = 1{,}771$	175.2	$x = 5{,}054$	175.3	$x = 4$
175.4	$x_1 = \frac{\lg 2}{\lg a} \quad x_2 = \frac{\lg 3}{\lg a}$	175.5	$x = 1{,}869$	175.6	$x = 0{,}596$
175.7	$x = 6{,}222$	175.8	$x = 4$	175.9	$L = \emptyset$
175.10	$x = 3$	175.11	$x = 3$	175.12	$x = \frac{3 \lg 2}{\lg 2 - \lg 3} \approx -5{,}13$
175.13	$x = 1$	175.14	$x_1 = 0 \quad x_2 = \frac{\lg 2}{\lg 5} \approx 0{,}431$		

Geometrische Berechnungen unter Anwendung bekannter Formeln und Sätze

176

176.1 $A = 16$ FE
176.2 $A = 18$ FE
176.3 $A = 15$ FE
176.4 $A = 12$ FE
176.5 $A = 16$ FE
176.6 $A = 21$ FE
176.7 $A = 4{,}5\pi$ FE $\approx 14{,}14$ FE
176.8 $A = 12\pi$ FE $\approx 37{,}7$ FE
176.9 $A = 2{,}5\pi + 24$ FE $\approx 31{,}85$ FE
176.10 $A = (14 - \frac{21}{8}\pi)$FE $\approx 5{,}75$ FE
176.11 $A = 9$ FE
176.12 $A = 10$ FE
176.13 $A = 15$ FE
176.14 $A \approx 59{,}38$ FE
176.15 $A = 6$ FE

177

177.1
$A = 2(16\ \text{cm}^2 + 10\ \text{cm}^2 + 10\ \text{cm}^2)$
$A = 72\ \text{cm}^2$
$V = 16\ \text{cm}^2 \cdot 2{,}5\ \text{cm}^2$
$V = 40\ \text{cm}^3$

177.2
$A = 2A_\Delta + A_{R1} + A_{R2} + A_{R3}$
$A = 16{,}5\ \text{cm}^2 + 6\ \text{cm}^2 + 11\ \text{cm}^2 + 12{,}53\ \text{cm}^2$
$A = 46{,}03\ \text{cm}^2$
$V = \frac{1}{2}abc$
$V = 16{,}5\ \text{cm}^3$

177.3
$A = 2A_D + 3A_R$
$A = 2 \cdot \frac{27}{4}\sqrt{3}\ \text{cm}^2 + 3 \cdot 9 \cdot 3\ \text{cm}^2$
$A \approx 104{,}38\ \text{cm}^2$
$V = A_D \cdot h$
$V = \frac{27}{4}\sqrt{3}\ \text{cm}^2 \cdot 3\sqrt{3}$
$V = 60{,}75\ \text{cm}^3$

177.4
$A = A_G + 4A_S$
$h_S = \sqrt{(\frac{a}{2})^2 + h^2} \approx 7{,}43$ cm
$A \approx 25\ \text{cm}^2 + 74{,}33\ \text{cm}^2$
$A \approx 99{,}33\ \text{cm}^2$
$V = \frac{1}{3}A_G \cdot h$
$V = 58{,}33\ \text{cm}^3$

177.5
$A = A_G + 3 \cdot A_S$
$h_S = \sqrt{s^2 - (\frac{a}{2})^2} \approx 48{,}54$ mm
$A \approx 249{,}41 + 1\,747{,}39\ \text{mm}^2$
$A \approx 1996{,}8\ \text{mm}^2$
$V = \frac{1}{3}A_G \cdot h$
$h_G = \frac{a}{2}\sqrt{3} \approx 20{,}78$ mm
$h = \sqrt{s^2 - (\frac{2}{3}h_G)^2} \approx 48{,}04$ mm
$V = \frac{1}{3} \cdot 249{,}41\ \text{mm}^2 \cdot 48{,}04$ mm
$V \approx 3994\ \text{mm}^3$

177.6
$A = A_G + 6 \cdot A_\Delta$
$h_S = \sqrt{h^2 + (\frac{a}{2}\sqrt{3})^2} \approx 52{,}91$ cm
$A \approx 1\,039{,}23\ \text{cm}^2 + 3\,174{,}9\ \text{cm}^2$
$A \approx 4\,214{,}13\ \text{cm}^2$
$V = \frac{1}{3}A_G \cdot h$
$V = 17\,320{,}5\ \text{cm}^3$

177.7
$A_O = 4\pi r^2$
$A_O \approx 615{,}75\ \text{cm}^2$
$V = \frac{4}{3}\pi r^3$
$V \approx 1436{,}76\ \text{cm}^3$

177.8
$A_O = \pi r(r + s)$
$s = \sqrt{h^2 + r^2} \approx 3{,}35$ cm
$A_O \approx \pi \cdot 1{,}5\ \text{cm} \cdot 4{,}85$ cm
$A_O \approx 22{,}86\ \text{cm}^2$
$V = \frac{1}{3}A_G \cdot h$
$V \approx 7{,}07\ \text{cm}^3$

177.9 $A_O = 2A_K + A_M$

$A_O \approx 12{,}32\ \text{cm}^2 + 650{,}94\ \text{cm}^2$

$A_O \approx 663{,}26\ \text{cm}^2$

$V = A_K \cdot h$

$V \approx 455{,}66\ \text{cm}^3$

177.10 $A_O = A_{HK} + A_M$

$A_M = \pi r \cdot s$; $s = 3{,}35$ cm (siehe 177.8)

$A_M \approx 15{,}79\ \text{cm}^2$

$A_{HK} = 2\pi r^2 \approx 14{,}14\ \text{cm}^2$

$A_O \approx 29{,}93\ \text{cm}^2$

$V = V_{HK} + V_K\ (= \frac{2}{3}\pi r^3 + \frac{1}{3}\pi r^2 \cdot 2r = \frac{4}{3}\pi r^3$

$V_K \approx 7{,}07\ \text{cm}^3$ (siehe 177.8)

$V_{HK} = \frac{2}{3}\pi r^3 \approx 7{,}07\ \text{cm}^3$

$V \approx 14{,}14\ \text{cm}^3$

177.11 $A_O = a_1^2 + 2(a_1 + a_2)\, h_s + a_2^2$

$A_O(h_S) = 36 + 2(6+4) \cdot h_S + 16$

$= 52 + 20\, h_S$

$h_S = \sqrt{(\frac{6-4}{2})^2 + h^2} = \sqrt{1 + h^2}$

$A_O(h) = 52 + 20\sqrt{1 + h^2}$

$V(h) = \frac{1}{3} h (a_1^2 + a_1 a_2 + a_2^2)$

$= \frac{1}{3} h (36 + 24 + 16) = \frac{76}{3} h$

178

	a	b	h_k	s	h_a	h_b	A_O	A_M	V
178.1	4 cm	4 cm	6 cm	**6,63 cm**	**6,32 cm**	**6,32 cm**	**66,56 cm²**	**50,56 cm²**	**32 cm³**
178.2	4 cm	5 cm	6 cm	**6,80 cm**	**6,50 cm**	**6,32 cm**	**77,60 cm²**	**57,60 cm²**	**40 cm³**
178.3	40 mm	8 cm	**2,24 cm**	5 cm	**4,58 cm**	**3 cm**	**74,32 cm²**	**42 ,32 cm²**	**23,9 cm³**
178.4	5 cm	6 cm	**10 cm**	**10,74 cm**	**10,44 cm**	**10,31 cm**	**144,06 cm²**	**114,06 cm²**	100 cm³
178.5	7 cm	**9 cm**	8 cm	**9,82 cm**	**9,18 cm**	**8,73 cm**	**205,83 cm²**	**142,83 cm²**	168 cm³
178.6	6 cm	**6 cm**	**13,67 cm**	**14,32 cm**	14 cm	14 cm	**204 cm²**	**168 cm²**	**164,04 cm³**

179

		α	β	γ	δ
179.1	1.	47°	**133°**	**47°**	**133°**
	2.	**59°**	121°	**59°**	**121°**
	3.	**70°**	**110°**	70°	**110°**
	4.	**17°**	**163°**	**17°**	163°
	5.	**(180° – x)**	x	**(180° – x)**	**x**
	6.	**60°**	2α	**60°**	**120°**
	7.	3β	**45°**	**135°**	**45°**

		α	β	γ	δ	ε
179.2	1.	50°	40°	**90°**	**140°**	**90°**
	2.	45°	**75°**	**60°**	105°	**120°**
	3.	**120°**	30°	30°	**150°**	**150°**
	4.	**60°**	**80°**	**40°**	100°	140°
	5.	70°	**60°**	**50°**	120°	**130°**
	6.	**60°**	α	α	**120°**	**120°**
	7.	**120°**	**30°**	β	5β	**150°**

180

180.1 $\alpha = 60°$ $\gamma = 120°$ $\beta = 60°$ $\delta = 120°$

180.2 $\delta = 115°$ $\gamma = 70°$ $\varepsilon = 85°$

180.3 $\alpha = 26{,}6°$ $\gamma = 53{,}2°$ $\varepsilon = 53{,}2°$ $\beta = 63{,}4°$ $\delta = 126{,}8°$

181

Innenwinkel: $\alpha = \frac{360°}{n}$

Umfang: $u = n \cdot a$ — a – Seitenlänge

Flächeninhalt: $A = \frac{n}{2} a r_1$ — r_1 – Inkreisradius

$A = \frac{n}{2} r_2^2 \cdot \sin \alpha$ — r_2 – Umkreisradius

Radien: $r_1 = r_2 \cdot \cos \frac{\alpha}{2} = \frac{\frac{a}{2}}{\tan \frac{\alpha}{2}}$

$r_2 = \frac{\frac{a}{2}}{\sin \frac{\alpha}{2}} = \frac{r_1}{\cos \frac{\alpha}{2}}$

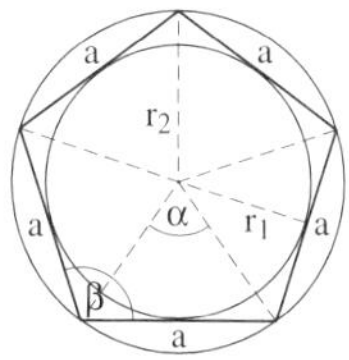

182

	n	α	a	u	r_1	r_2	A
182.1 regelmäßiges Viereck **(Quadrat)**	**4**	**90°**	5 cm	**20 cm**	**2,5 cm**	**3,53 cm**	**25 cm²**
182.2 regelmäßiges Fünfeck	**5**	**72°**	5 cm	**25 cm**	**3,44 cm**	**4,25 cm**	**43 cm²**
182.3 regelmäßiges Sechseck	**6**	**60°**	**10 cm**	60 cm	**8,66 cm**	**10 cm**	**259,8 cm²**
182.4 regelmäßiges **Achteck**	**8**	45°	**5 cm**	40 cm	**6,04 cm**	**6,53 cm**	**120,8 cm²**
182.5 regelmäßiges **Dreieck**	3	**120°**	10 cm	**30 cm**	**2,89 cm**	**5,77 cm**	**43,30 cm²**

183

A(–7; 4)
B(–4; 3)
C(–5; 7)
Spiegelung:
A'(7; 4)
B'(4; 3)
C'(5; 7)
Drehung:
A"(4; –7)
B"(3; –4)
C"(7; –5)
Streckung 1:
A'''(14; 8)
B'''(8; 6)
C'''(10; 14)
Streckung 2:
A''''(–4; –5)
B''''(–3; –8)
C''''(–7; –7)

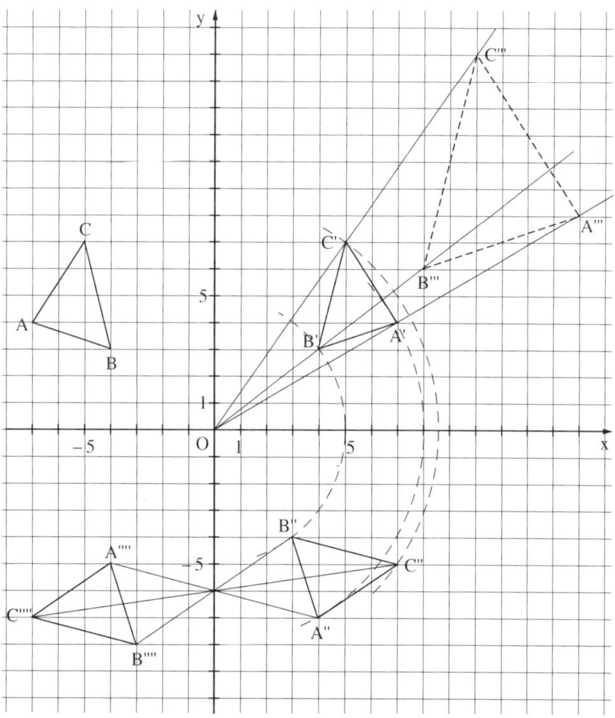

184

Δ ABC

	a	b	c	α	β	γ	u	A
1	2 cm	2 cm	2 cm	**60°**	**60°**	**60°**	**6 cm**	**$\sqrt{3}$ cm²**
2	3 cm	**4 cm**	5 cm	**36,9°**	**53,1°**	**90°**	**12 cm**	**6 cm²**
3	9 cm	**9 cm**	2 cm	**83,62°**	**83,62°**	**12,76°**	20 cm	**8,94 cm²**
4	**8,32 cm**	**8,32 cm**	**8,32 cm**	**60°**	**60°**	**60°**	**24,96 cm**	30 cm²
5	n. eind.	n. eind.	n. eind.	**40°**	20°	**120°**	n. eind.	n. eind.

Δ A'B'C'

	a'	b'	c'	α'	β'	γ'	u'	A'	k
1	5 cm	**5 cm**	**5 cm**	**60°**	**60°**	**60°**	**15 cm**	**10,83 cm²**	**2,5**
2	**6 cm**	8 cm	**10 cm**	**36,9°**	**53,1°**	**90°**	**24 cm**	**24 cm²**	2
3	**4,5 cm**	**4,5 cm**	**1 cm**	**83,62°**	**83,62°**	**12,76°**	10 cm	**2,24 cm²**	**0,5**
4	**12,48 cm**	**12,48 cm**	**12,48 cm**	60°	60°	**60°**	**37,44 cm**	**67,5 cm²**	1,5
5	n. eind.	n. eind.	n. eind.	40°	**20°**	**120°**	n. eind.	n. eind.	0,7

k = Ähnlichkeitsfaktor

185

	a	b	c	p	q	h
185.1	6 cm	8 cm	**10 cm**	**3,6 cm**	**6,4 cm**	**4,8 cm**
185.2	**$\sqrt{35}$ ≈ 5,92 cm**	**$\sqrt{14}$ ≈ 3,74 cm**	7 cm	5 cm	2 cm	**$\sqrt{10}$ ≈ 3,16 cm**
185.3	**2,2 cm**	**0,98 cm**	2,4 cm	2 cm	**0,4 cm**	$\sqrt{0,8}$ cm ≈ 0,89 cm
185.4	**n.l.**	**n.l.**	50 mm	**n.l.**	6 cm	**n.l.**
185.5	**10,31 cm**	**41,23 cm**	**42,5 cm**	2,5 cm	**40 cm**	10 cm

186

186.1 $\overline{AC}$: $|\overline{AC}|^2 = |\overline{AE}| \cdot |\overline{AB}|$

186.2 $\overline{BC}$: $|\overline{BC}|^2 = |\overline{BE}| \cdot |\overline{AB}|$

186.3 $\overline{CE}$: $|\overline{CE}|^2 = |\overline{CG}| \cdot |\overline{CA}| = |\overline{BC}| \cdot |\overline{CF}|$

186.4 $\overline{EB}$: $|\overline{EB}|^2 = |\overline{BF}| \cdot |\overline{BC}|$

186.5 $\overline{AE}$: $|\overline{AE}|^2 = |\overline{AG}| \cdot |\overline{AC}|$

186.6 $\overline{EG}$: $|\overline{EG}|^2 = |\overline{DE}| \cdot |\overline{AE}|$

186.7 $\overline{EF}$: nicht möglich

187

187.1
$$d = \sqrt{a^2 + b^2}$$
$$D = \sqrt{a^2 + b^2 + c^2} = \sqrt{d^2 + c^2}$$

187.2
$$D_1 = |\overline{M_1G}| = \sqrt{a^2 + b^2 + (\tfrac{c}{2})^2}$$
$$D_2 = |\overline{M_1C}| = \sqrt{a^2 + b^2 + (\tfrac{c}{2})^2}$$
$$D_3 = |\overline{M_2H}| = \sqrt{a^2 + b^2 + (\tfrac{c}{2})^2}$$

187.3
$$h = \sqrt{(\tfrac{a}{2})^2 + H^2}$$
$$H = \sqrt{h^2 - (\tfrac{a}{2})^2} \quad \text{oder}$$
$$H = \sqrt{s^2 - a^2}$$

187.4
$$a = \sqrt{\frac{e^2}{2}} = \frac{e}{\sqrt{2}} = \frac{e\sqrt{2}}{2}$$
$$h = \sqrt{s^2 - (\tfrac{e}{2})^2} = \sqrt{\tfrac{3}{4}s^2} = \tfrac{s}{2}\sqrt{3}$$
$$V = \tfrac{1}{3}a^2 \cdot h$$

188

$\frac{|AD|}{|DZ|} = \frac{|CF|}{|\mathbf{FZ}|}$ $\frac{|BZ|}{|BE|} = \frac{|\mathbf{CZ}|}{|CF|}$ $\frac{|\mathbf{AB}|}{|BC|} = \frac{|DE|}{|EF|}$

$\frac{|BZ|}{|BC|} = \frac{|EZ|}{|\mathbf{EF}|}$ $\frac{|ZJ|}{|ZD|} = \frac{|ZG|}{|\mathbf{ZF}|}$ $\frac{|EH|}{|ZH|} = \frac{|FG|}{|\mathbf{ZG}|}$

189

$\lvert\overline{AB}\rvert$	$\lvert\overline{AC}\rvert$	$\lvert\overline{BC}\rvert$	$\lvert\overline{AD}\rvert$	$\lvert\overline{AE}\rvert$	$\lvert\overline{DE}\rvert$	$\lvert\overline{AF}\rvert$	$\lvert\overline{AG}\rvert$	$\lvert\overline{FG}\rvert$
4 cm	**6 cm**	2 cm	**5 cm**	7,5 cm	2,5 cm	8 cm	**12 cm**	4 cm
8 m	14 m	**6 m**	12,6 m	**22 m**	9,4 m	**12 m**	21 m	9m
1,2 km	**1,8 km**	**0,6 km**	**7,2 km**	10,8 km	3,6 km	3,2 km	**4,8 km**	1,6 km

$\lvert\overline{AB}\rvert$	$\lvert\overline{AC}\rvert$	$\lvert\overline{BD}\rvert$	$\lvert\overline{CE}\rvert$	$\lvert\overline{BF}\rvert$	$\lvert\overline{CG}\rvert$
6 m	**14 m**	7 m	$16,\overline{3}$ m	15 m	**35 m**
2,1 cm	4 cm	**0,4 cm**	0,76 cm	**2,2 cm**	4,2 cm
142 km	**212 km**	**186 km**	278 km	322 km	**480 km**

190

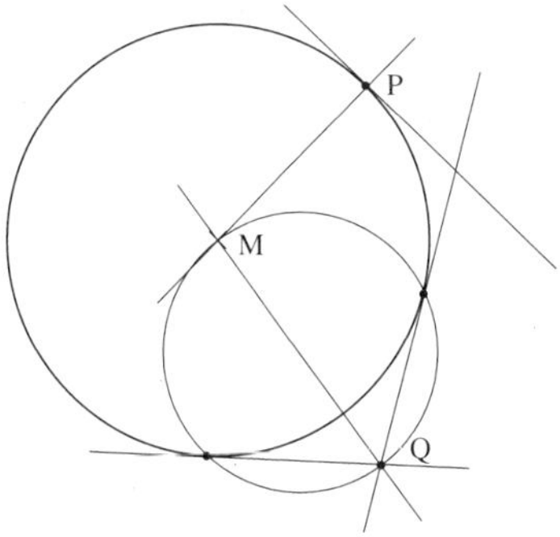

191

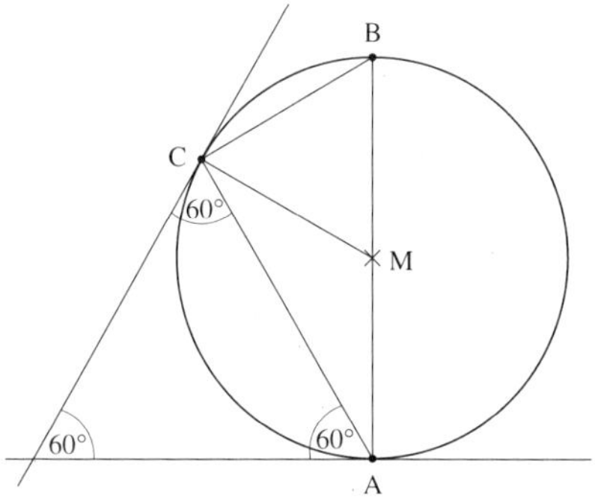

192

$\alpha = 70°$,	α und γ Wechselwinkel an geschnittenen Parallelen
$\beta = 55°$,	∢ AMD und ∢ MBC Stufenwinkel an geschnittenen Parallelen
$\gamma = 70°$,	Δ MBC gleichschenklig; $\gamma = 180° - 110°$
$\delta = 27{,}5°$,	Basiswinkel im gleichschenkligen Δ AMC; $\delta = \varepsilon$
$\varepsilon = 27{,}5°$,	Basiswinkel im gleichschenkligen Δ AMC; $2\delta = 180° - 125°$

193

193.1/193.2 Konstruktion von M als Schnittpunkt der Mittelsenkrechten von (z. B.) $\overline{AB}$ und $\overline{BC}$.

193.3 Mittelpunkte des Inkreises ist Schnittpunkt von zwei Winkelhalbierenden des Dreiecks ABC.

193.4 Tangente steht senkrecht auf dem Berührungsradius.

193.5
$$A = \frac{g \cdot h_g}{2}$$
$$A = \frac{1{,}5 \cdot 3}{2} = 2{,}25 \text{ FE}$$

193.6
$$f(x) = 2x + 3$$
$$0 = 2x + 3$$
$$x = -\frac{3}{2}$$

194

$\alpha = 80°$,	Peripherie-Zentriwinkel-Satz.
$\beta = 50°$,	Basiswinkel im Δ AMD.
$\gamma = 40°$,	Peripheriewinkelsatz.
$\delta = 100°$,	Vollwinkel zusammen mit α.
$\varepsilon = 130°$,	Außenwinkelsatz Δ AMD.
$\phi = 50°$,	Sehnentangentenwinkel.

195

195.1
$$u = \pi \cdot \frac{a}{2} + a + \pi \cdot \frac{a}{3}$$
$$u = a\left(\frac{\pi}{2} + 1 + \frac{\pi}{3}\right)$$
$$u \approx 11 \text{ cm}$$
$$A = \frac{\pi}{8}a^2 + \frac{2}{3}a^2$$
$$A = a^2\left(\frac{\pi}{8} + \frac{2}{3}\right)$$
$$A \approx 9{,}5 \text{ cm}^2$$

195.2
$$u = a + 2 \cdot \frac{a}{2} + \frac{\pi}{2}a$$
$$u = a\left(\frac{\pi}{2} + 2\right)$$
$$u \approx 10{,}7 \text{ cm}$$
$$A = a \cdot \frac{a}{2} + \frac{\pi}{2}\left(\frac{a}{2}\right)^2 - \frac{\pi}{2}\left(\frac{a}{4}\right)^2$$
$$A = a^2\left(\frac{1}{2} + \frac{\pi}{8} - \frac{\pi}{32}\right)$$
$$A \approx 7{,}15 \text{ cm}^2$$

195.3
$$u = \pi \cdot \frac{a}{2} + 3 \cdot \frac{a}{2} + \sqrt{\frac{a^2}{2}}$$
$$u = a\left(\frac{\pi}{2} + \frac{3}{2}\right) + \sqrt{\frac{a^2}{2}}$$
$$u \approx 11{,}3 \text{ cm}$$
$$A = a \cdot \frac{a}{2} + \frac{\pi}{2}\left(\frac{a}{2}\right)^2 - \frac{a^2}{8}$$
$$A = a^2\left(\frac{1}{2} + \frac{\pi}{8} - \frac{1}{8}\right)$$
$$A \approx 6{,}9 \text{ cm}^2$$

196

196.1

196.2

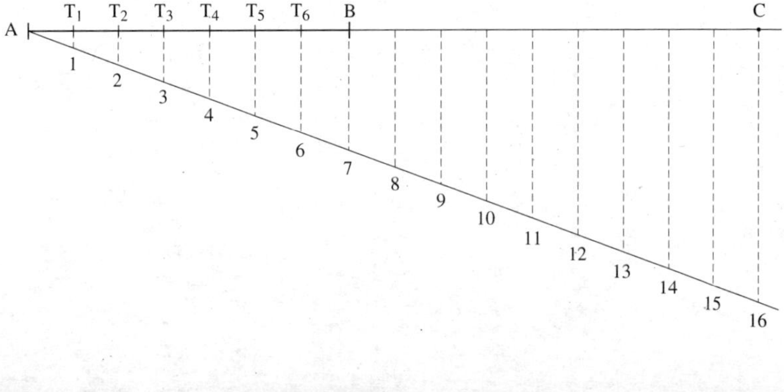

196.3

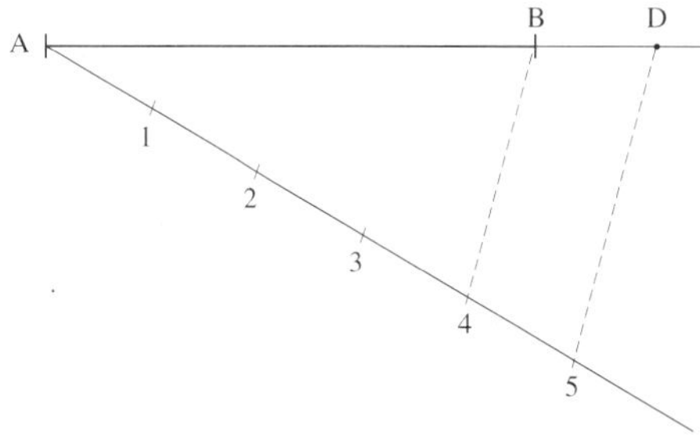

197

197.1 Ist a die Seite des gegebenen Quadrates, so muss das zu ermittelnde Quadrat die Seitenlänge 4a, $\frac{1}{4}$ a bzw. 2a haben.

197.2 • $A = a^2$; aus $A_1 = a_1{}^2 = 4A = 4a^2$ folgt $a_1 = 2a$. Die Seite des gegebenen Quadrats ist also zu verdoppeln.

• Aus $A_2 = a_2{}^2 = 2A = 2a^2$ folgt $a_2 = a\sqrt{2}$. Also ist a_2 die Länge der Diagonalen des Ausgangsquadrats.

• Aus $A_3 = a_3{}^2 = \frac{1}{2}A = \frac{1}{2}a^2$ folgt $a_3 = a\sqrt{\frac{1}{2}} = \frac{a}{2}\sqrt{2}$. Also ist a_3 die halbe Länge der Diagonalen des Ausgangsquadrats.

197.3 $a^2 = \frac{1}{8}U \cdot x$ (Höhensatz)

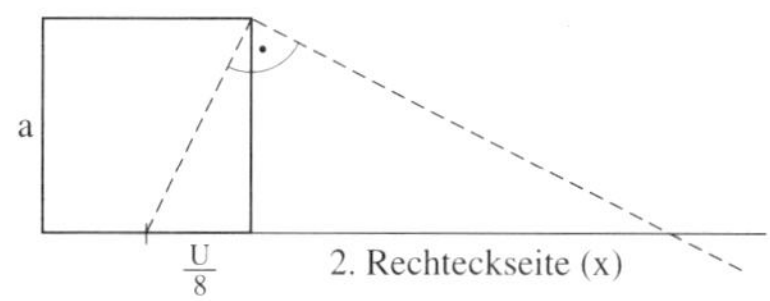

198

198.1 $A_{UK} = \pi \cdot \frac{c^2}{4}$ $U_{UK} = c\pi$

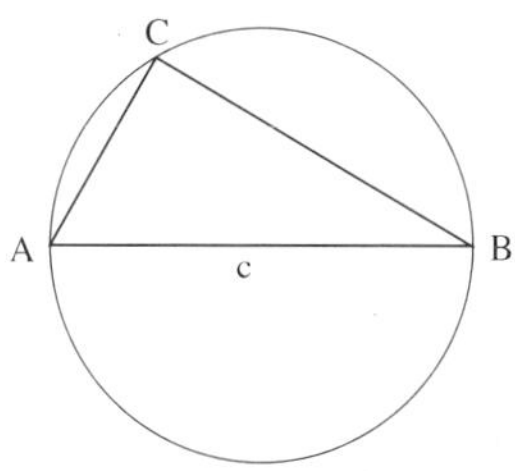

198.2 Für die Höhe h aller in den Halbkreis einbeschriebenen rechtwinkligen Dreiecks mit der Hypotenuse c gilt: $h \leq \frac{c}{2}$. Das gleichschenklig-rechtwinklige Dreieck mit der Höhe $\frac{c}{2}$ hat den größten Inhalt. $A = \frac{1}{2} \cdot c \cdot \frac{c}{2} = \frac{c^2}{4}$.

199

Radius r	4 cm	6,8 cm	16,8 cm	**15 cm**	**34 cm**
Kreisbogen b	**4,2 cm**	22 cm	**19,3 cm**	**3,26 cm**	74 cm
Flächeninhalt des Kreisausschnitts A_d	**17 cm²**	**75 cm²**	162 cm²	24,2 cm²	**1251 cm²**
Zentriwinkel des Kreisausschnitts α	60°	**185°**	**65,7°**	12,5 °	124°

A = a + c / 2 · h
R = R1 · R2 / R1 + R2
18/13 : 2 =
1/2 x + 3/2 = 5/4